智能制造工业软件应用系列教材

数字化制造运营平台

（下　册）

胡耀华　梁乃明　总主编

任　斌　刘宇娟　编　著

机 械 工 业 出 版 社

本书从电装和装配企业的产品研发、计划、工艺、生产、质量等部门的数据交互信息入手，介绍如何通过 MES 等信息化建设，将资源管理、计划管理、现场监控、质量管理等有机地集成，实现生产过程的精细管理与监控，以及产品可追溯等。全书共 7 章，内容包括 SIMATIC IT 平台技术架构、SIMATIC IT 平台安装、可扩展标记语言 XML、通过 SIMATIC IT 平台构建项目、SIMATIC IT 平台二次开发部署，以及电装 MES 和装配 MES 实际案例。

本书内容理论联系实际，可操作性强，既可作为普通高等院校机械类、智能制造类等专业的本科教材，也可供相关工程技术人员参考。

图书在版编目（CIP）数据

数字化制造运营平台. 下册/胡耀华，梁乃明总主编；任斌，刘宇娟编著. —北京：机械工业出版社，2022.3

智能制造工业软件应用系列教材

ISBN 978-7-111-70371-6

Ⅰ.①数⋯　Ⅱ.①胡⋯ ②梁⋯ ③任⋯ ④刘⋯　Ⅲ.①智能制造系统-高等学校-教材　Ⅳ.①TH166

中国版本图书馆 CIP 数据核字（2022）第 045948 号

机械工业出版社（北京市百万庄大街 22 号　邮政编码 100037）
策划编辑：赵亚敏　　　　责任编辑：赵亚敏
责任校对：樊钟英　刘雅娜　封面设计：王　旭
责任印制：李　昂
北京捷迅佳彩印刷有限公司印刷
2022 年 6 月第 1 版第 1 次印刷
184mm×260mm · 17 印张 · 418 千字
标准书号：ISBN 978-7-111-70371-6
定价：59.80 元

电话服务　　　　　　　　　网络服务
客服电话：010-88361066　　机 工 官 网：www.cmpbook.com
　　　　　010-88379833　　机 工 官 博：weibo.com/cmp1952
　　　　　010-68326294　　金 书 网：www.golden-book.com
封底无防伪标均为盗版　机工教育服务网：www.cmpedu.com

前　言

电装和装配企业承担重要的测试设备、控制设备、大型装备的产品研制和生产任务，在生产过程中暴露出部分生产过程管理不规范、信息化支撑不足等突出问题，产品质量和生产效率面临巨大压力。因此，如何通过 MES 等信息化建设，将资源管理、计划管理、现场监控、质量管理等有机地集成，实现生产过程的精细管理与监控，实现产品可追溯，促进生产管控能力的不断提升，已成为现阶段生产亟待解决的重大课题。

目前生产业务主要涉及计划管理、工艺文件管理、物资管理和库存管理、资源管理、生产过程管理等方面。其中，计划主要在多项目系统中编制、下达；工艺文件主要在 PDM 系统中编制审批；物资管理和库存管理在 SAP 系统中实施；生产过程管理目前无信息化系统管理；资源管理功能目前由多项目系统承担，但该系统只管理场地、大型试验设备，未将生产工装、工具等资源纳入统一管理。

本书的第 1 章对 SIMATIC IT（简称 SIT）平台技术架构进行了概述，并介绍了其二次开发与运行环境；第 2 章主要介绍 SIMATIC IT 平台的安装以及分布式安装方式；第 3 章主要介绍可扩展标记语言 XML；第 4 章主要介绍通过 SIMATIC IT 平台构建项目的流程；第 5 章主要介绍 SIMATIC IT 平台二次开发部署流程；第 6 章和第 7 章分别介绍西门子 MES 软件 SIMATIC IT 在电装 MES 和装配 MES 行业的应用案例。

本书是智能制造工业软件应用系列教材中的一本，本系列教材是在东莞理工学院马宏伟校长、西门子中国区赫尔曼总裁的关怀下，结合西门子公司多年在产品数字化开发过程中的经验和技术积累编写而成的。本系列教材主要由东莞理工学院胡耀华和西门子公司梁乃明任总主编，本书由东莞理工学院任斌和西门子公司的刘宇娟共同编著。此外，东莞理工学院孙泽文参与了本书的校对工作。虽然编著者在本书的编写过程中力求描述准确，但由于水平有限，书中难免有不妥之处，恳请广大读者批评指正。

编著者

目 录

第1章

SIMATIC IT平台技术架构

1.1 SIMATIC IT 平台介绍

SIMATIC IT 是西门子公司构建企业执行层生产信息系统的通用平台。该平台基于 ANSI/ISA S95 标准（以下简称 S95 标准）开发。S95 标准的开发过程是由美国国家标准协会监督并保证其过程是正确的，它定义了通用的模型和相应术语，为平台能够更好地与企业的其他业务系统协同工作提供了有益的参考。图 1-1 是 SIMATIC IT Suite 平台的典型软件架构图，由 SIMATIC IT 实时数据服务（Real Time Data Services，RTDS）完成对工业控制层（如 DCS、SCADA 等系统）的实时数据采集，上传至业务层，对数据进行清洗、转换、存储并

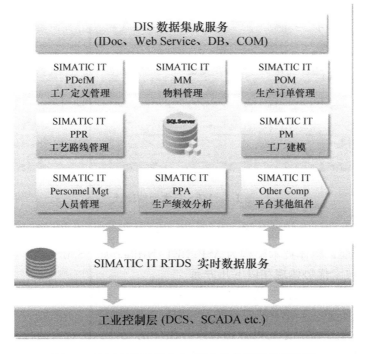

图 1-1　SIMATIC IT Suite 平台的典型软件架构图

计算；由 SIMATIC IT PDefM、SIMATIC IT PPR 及 SIMATIC IT PM 完成对工厂、车间、班组、机台设备、工艺路线的建模，初始化配置等。完成基础配置后，由 SIMATIC IT POM 和 SIMATIC IT MM 完成对生产计划、工单、执行、物料、质量的过程进行管理；由数据集成服务（DIS）完成对第三方系统的数据集成。MES 中的工厂模型、标准业务功能都是通过 SIMATIC IT 平台实现的，该系统在 SIMATIC IT 平台基础上进行二次开发，实现功能及人员、组织机构、权限等管理功能模块的定制化，并可基于 SIMATIC IT 平台自定义管控平台（Portal）来替换 SIMATIC IT 平台的 UI 界面。

说明：SIMATIC IT 平台中没有流程管理功能，因此没有待办功能，进入功能项后只显示本角色操作项。

1.2　MES 二次开发介绍

MES 技术架构设计如图 1-2 所示。

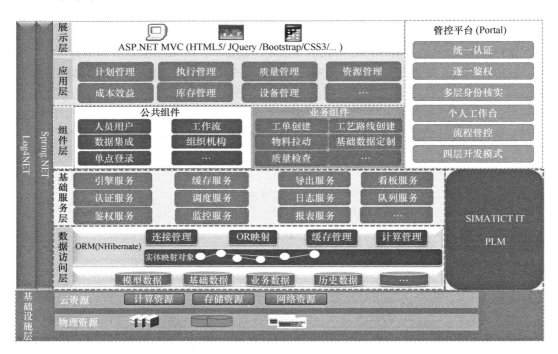

图 1-2　MES 技术架构设计

车间 MES 以".NET 技术路线"为核心，采用组态化、服务化的设计理念对传统三层模式进行了重新分层，整体技术架构为 ASP.NET+NHibernate+Spring.Net 技术路线（SSH 技术框架）。其主要技术优势体现在以下几方面。

（1）展示层　采用微软新一代 ASP.NET MVC5 技术为基础，以 Angularjs+JQuery+Bootstrap+CSS3 来渲染页面，支持多种终端展示，用户体验良好。

（2）组件层　基于微服务的设计理念进行组件的设计，使每个组件具备高可用性及灵活组装的特性，极大地提高了系统的灵活度及可定制化能力。

（3）基础服务层　采用 SOA 的服务化设计思想，通过封装各种基础服务及西门子工业套件，使软件在具备西门子工业软件功能的同时可以灵活组态，也使软件具备高可复用性和分布式部署能力。

（4）数据访问层　采用开源框架 NHibernate，以实体映射的数据库建模方式，提高了开发效率，通过定制方式实现数据的访问，支持 SQL Server、Oracle 等多数据库之间的灵活转换。

（5）控制层　采用 Spring. Net 进行统一管理、统一分配，以 IOC、依赖注入对软件、缓存进行统一管控，提高代码的可读性，提高开发效率，降低开发难度，以使开发人员具备更多的精力关注业务开发，提高系统的稳定性及性能。

（6）日志　系统通过 Log4NET 进行日志管理，以可配置的方式实现了日志的分级、分类管理，同时系统在登录、操作方面实现了对日志的实时监控、自动采集，通过日志功能的引入，提高了系统的实时监控及容错处理能力。

1.3　MES 运行环境介绍

1. 硬件服务器要求

1）CPU 为 8 核@2.50GHz 或以上。

2）内存为 16G 或以上。

3）硬盘为 1T 以上。

2. 服务器操作系统要求

服务器操作系统为 Windows Server 2012 r2 标准版或以上版本。

3. 操作终端计算机要求

1）CPU 为 4 核@2.0GHz 或以上。

2）内存为 4G 或以上。

3）硬盘为 100G 以上。

4）操作系统为 Windows7 或以上。

第 2 章

SIMATIC IT平台安装

SIMATIC IT 平台安装包括 SQL Server 2014 安装配置、SIMATIC_IT_V7.0_SP1（简称 SIT7.0）安装和 SIMATIC_IT_V7.0_SP1 配置。

2.1　SQL Server 2014 安装配置

SQL Server 2014 标准版安装过程如下：

1）将镜像文件加载到虚拟光驱中之后，打开虚拟的软盘符号，可以看到安装文件夹，单击"stepup"，在安装中心界面选择"安装"后，选择默认值单击"下一步"按钮，如图 2-1所示。

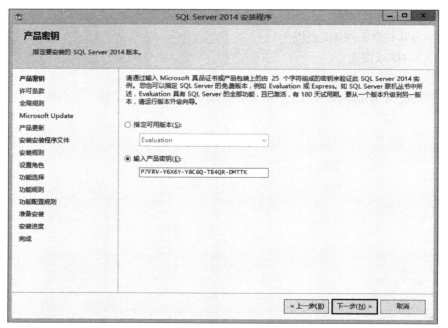

图 2-1　数据库安装示意图（一）

2）按图2-2所示勾选选项，单击"下一步"按钮。

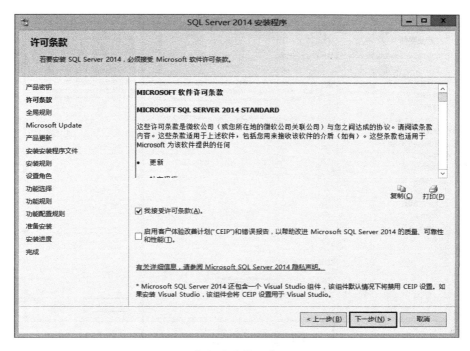

图 2-2　数据库安装示意图（二）

3）默认不勾选，直接单击"下一步"按钮，如图2-3所示。

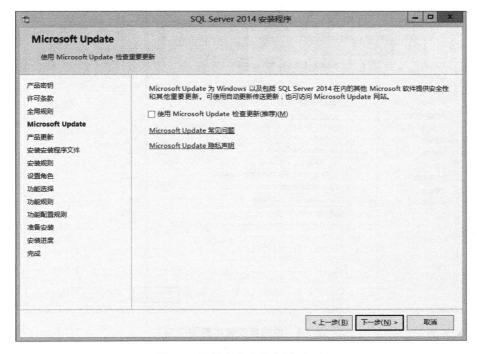

图 2-3　数据库安装示意图（三）

4）忽略更新错误，直接单击"下一步"按钮，如图 2-4 所示。

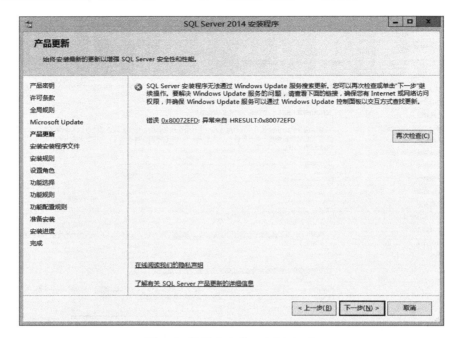

图 2-4 数据库安装示意图（四）

5）忽略安装警告，继续单击"下一步"按钮，如图 2-5 所示。

图 2-5 数据库安装示意图（五）

6）默认已选项，继续单击"下一步"按钮，如图2-6所示。

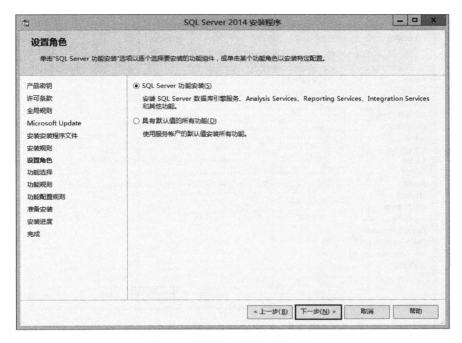

图2-6 数据库安装示意图（六）

7）功能选择单击"全选"按钮，默认安装路径，继续单击"下一步"按钮，如图2-7所示。

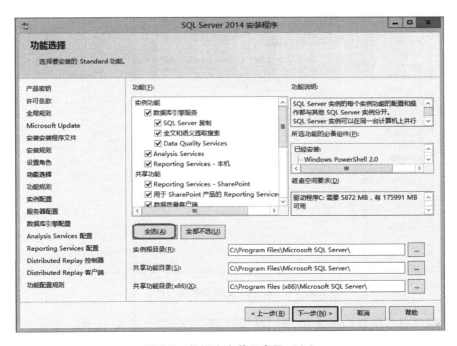

图2-7 数据库安装示意图（七）

8）实例配置选择默认值，继续单击"下一步"按钮，如图 2-8 所示。

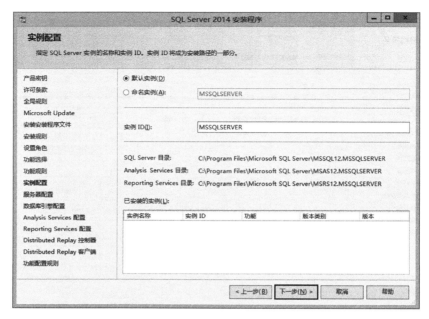

图 2-8　数据库安装示意图（八）

9）服务器配置无需选择，继续单击"下一步"按钮，如图 2-9 所示。

图 2-9　数据库安装示意图（九）

10）数据库引擎配置如图 2-10 所示选择"混合模式"，给 sa 配置一个密码 sasa，添加当前用户，继续单击"下一步"按钮。

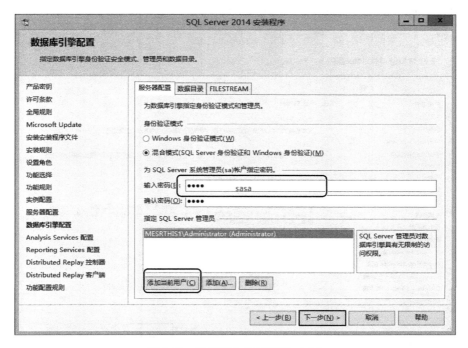

图 2-10　数据库安装示意图（十）

11）Analysis Services 配置如图 2-11 所示单击"添加当前用户"按钮后，继续单击"下一步"按钮。

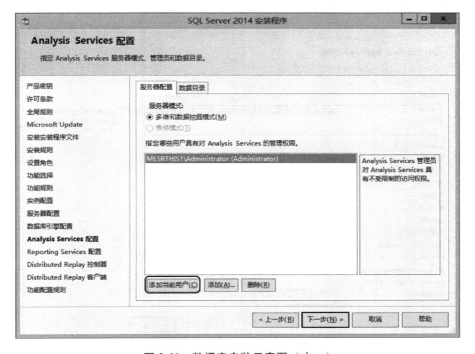

图 2-11　数据库安装示意图（十一）

12）Reporting Services 配置按默认选项，继续单击"下一步"按钮，如图 2-12 所示。

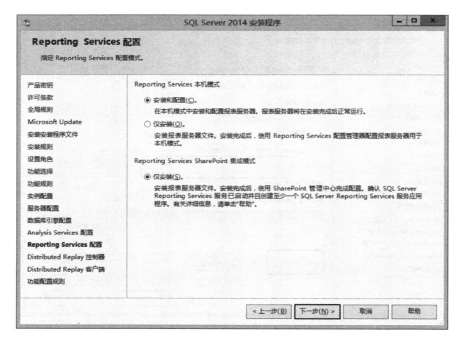

图 2-12　数据库安装示意图（十二）

13）Distributed Replay 控制器如图 2-13 所示单击"添加当前用户"按钮后，继续单击"下一步"按钮，如图 2-13 所示。

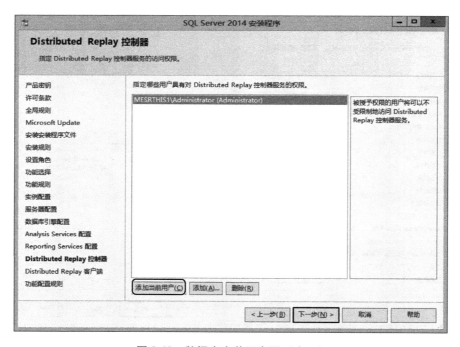

图 2-13　数据库安装示意图（十三）

14）Distributed Replay 客户端选择默认的工作目录和结果目录，继续单击"下一步"按钮，如图 2-14 所示。

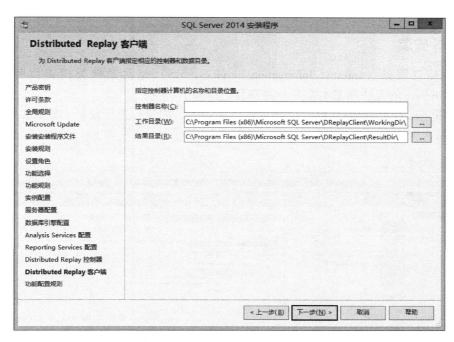

图 2-14　数据库安装示意图（十四）

15）单击"安装"按钮，完成 SQL Server 2014 的安装，如图 2-15 所示。

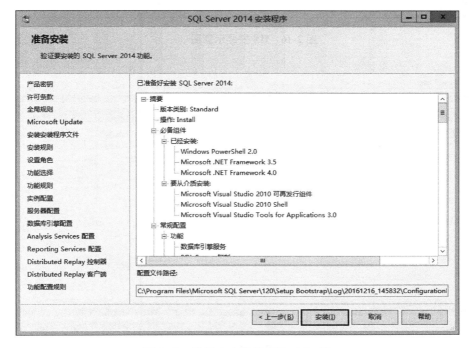

图 2-15　数据库安装示意图（十五）

2.2 SIMATIC_IT_V7.0_SP1 安装

2.2.1 IIS 安装

互联网信息服务（Internet Information Services，IIS）是由微软公司提供的基于运行 Microsoft Windows 的互联网基本服务，其安装过程如下。

1）打开 Server Manager，单击"添加角色和功能"向导，进行设置，如图 2-16~图 2-18 所示。

图 2-16　IIS 安装示意图（一）

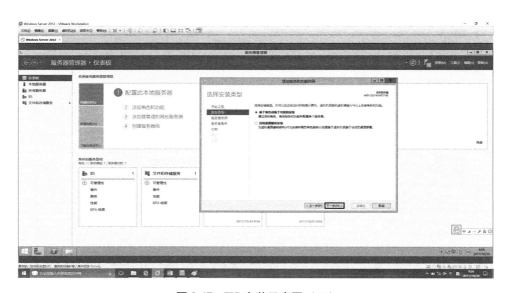

图 2-17　IIS 安装示意图（二）

图 2-18　IIS 安装示意图（三）

2）在服务器角色的"角色"中勾选"Web 服务器（IIS）"及"管理工具"，如图 2-19 所示。

图 2-19　IIS 安装示意图（四）

3）在功能和 Role Services 中勾选 IIS 需要的安装组件，如" ASP. NET3. 5 及 ASP. NET4. 5 安装"等，如图 2-20~图 2-23 所示。

4）单击图 2-23 中"Next"按钮，进入确认页面（Confirmation），需要在 Windows Server 2012 中安装 . NET Framework 3. 5（Windows Server 2012 自身只支持 . NET Framework 4. 5）。

默认的 Windows Server 2012 安装时，并不会把 .NET 3.5 组件复制到计算机中，因此需要在服务器光驱插入 SERVER2012R2 安装盘或者复制图 2-24 中所示文件至指定文件夹（系统无法识别 .NET 3.5.exe 安装文件）。

图 2-20　IIS 安装示意图（五）

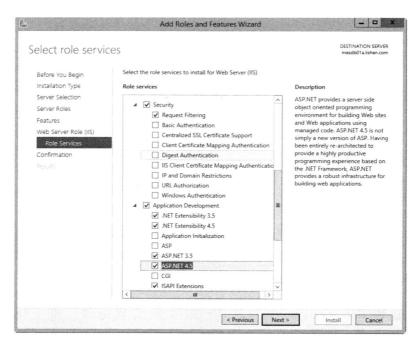

图 2-21　IIS 安装示意图（六）

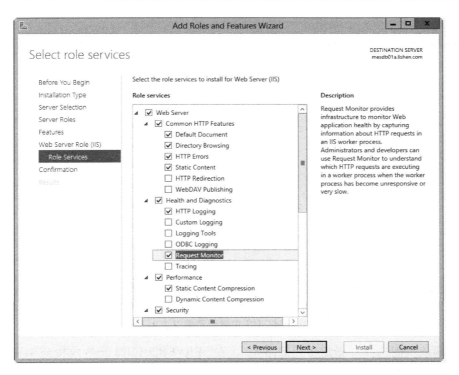

图 2-22　IIS 安装示意图（七）

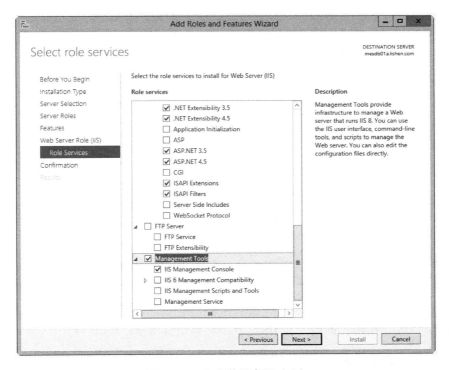

图 2-23　IIS 安装示意图（八）

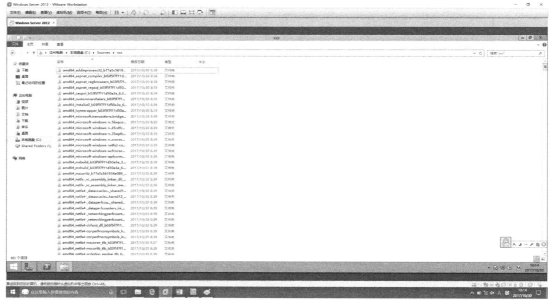

图 2-24　IIS 安装示意图（九）

5）在确认页面选择"指定备用源路径"，在 SERVER2012R2 光盘内找到/sources/sxs 文件夹，如图 2-25 所示。

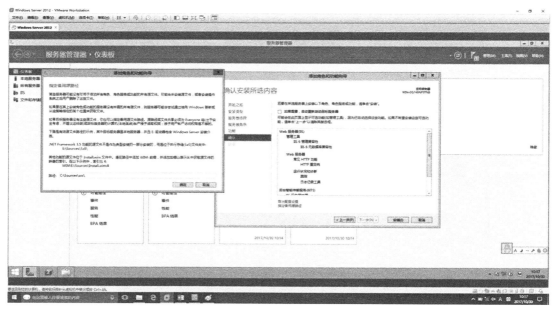

图 2-25　IIS 安装示意图（十）

6）单击"OK"按钮，即可安装 IIS 与其他必需组件（如 .Net3.5）。

2.2.2　SIMATIC IT 平台安装前准备工作

1）打开控制面板，设置时间及日期，如图 2-26 所示。

图 2-26　SIMATIC IT 平台安装前准备示意图（一）

2）打开控制面板，单击"系统和安全"→"更改用户账号控制设置"，选择"从不通知"，禁用 UAC，即"用户账户控制（UAC）"必须设为"未激活"状态，如图 2-27 所示。

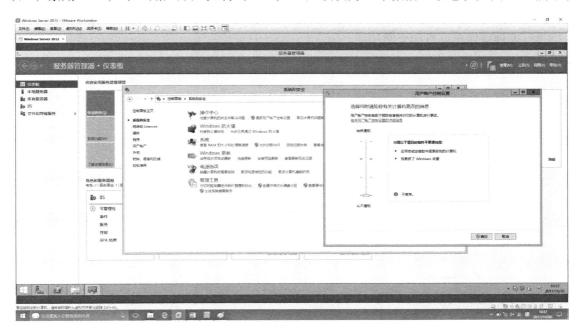

图 2-27　SIMATIC IT 平台安装前准备示意图（二）

3）修改注册表。在命令行里输入 regedit，按<Enter>键即可打开注册表。根据路径 HKEY_LOCAL_MACHINE \ SOFTWARE \ Microsoft \ Windows \ CurrentVersion \ Policies \ System，

找到 System 项，设置 EnableLUA 的值为 0，即可彻底禁用 UAC，如图 2-28 所示。

Windows Server 2012 - VMware Workstation
管理员: Windows PowerShell
注册表编辑器
编辑 DWORD (32 位)值
EnableLUA
计算机\HKEY_LOCAL_MACHINE\SOFTWARE\Microsoft\Windows\CurrentVersion\policies\system

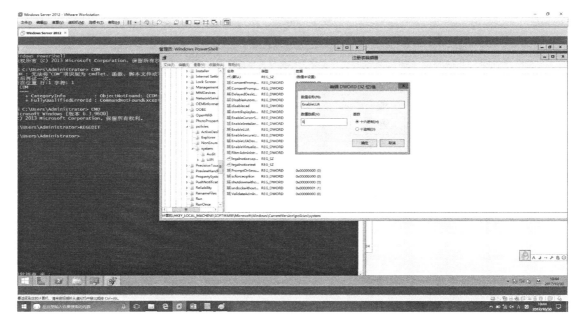

图 2-28　SIMATIC IT 平台安装前准备示意图（三）

4）安装 SQL Server 2014 数据库（参考 SQL Server 2014 安装方法）。

5）关掉防火墙。

6）关掉操作系统自动更新功能。

2.2.3　安装 SIMATIC IT 平台

1）打开安装包，双击“setup. exe”，如图 2-29 所示。

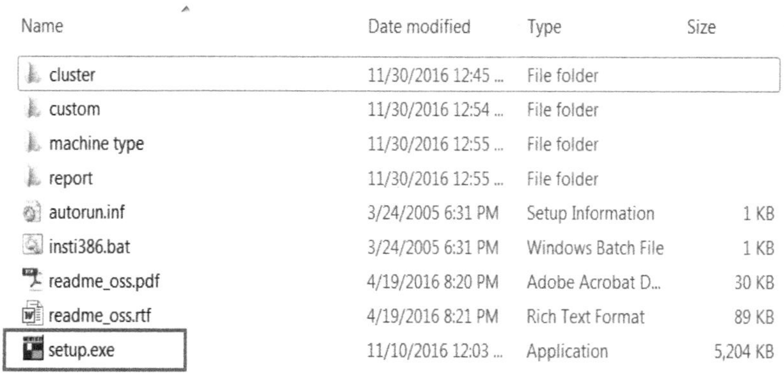

Name
Date modified
Type
Size
cluster 11/30/2016 12:45 ... File folder
custom 11/30/2016 12:54 ... File folder
machine type 11/30/2016 12:55 ... File folder
report 11/30/2016 12:55 ... File folder
autorun.inf 3/24/2005 6:31 PM Setup Information 1 KB
insti386.bat 3/24/2005 6:31 PM Windows Batch File 1 KB
readme_oss.pdf 4/19/2016 8:20 PM Adobe Acrobat D... 30 KB
readme_oss.rtf 4/19/2016 8:21 PM Rich Text Format 89 KB
setup.exe 11/10/2016 12:03 ... Application 5,204 KB

图 2-29　SIMATIC IT 平台安装示意图（一）

2）单击“Next”按钮，如图 2-30 所示。

3）选择“I accept …”选项，单击“Next”按钮，如图 2-31 所示。

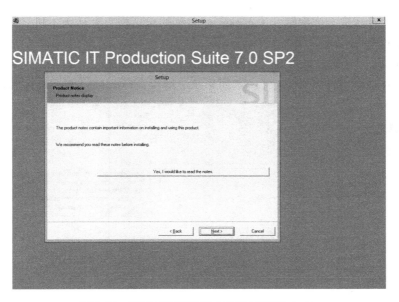

图 2-30 SIMATIC IT 平台安装示意图（二）

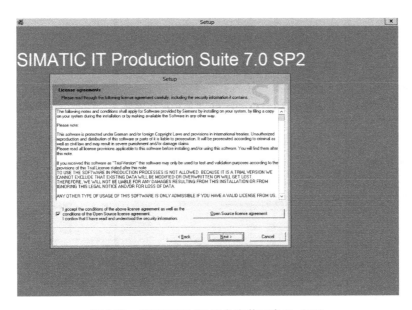

图 2-31 SIMATIC IT 平台安装示意图（三）

4）选择图 2-32~图 2-35 所示的 SIMATIC IT 平台组件。

5）选择组件之后，单击"Next"按钮，系统列出将要安装的组件，单击"Install"按钮，如图 2-36 所示。

6）系统进入安装进程，如图 2-37 所示。

7）在安装过程中系统会弹出应用程序安装目录的对话框，默认目录为 D：\ProgramFiles（x86）\Siemens，单击"OK"按钮，如图 2-38 所示。

8）在安装过程中系统会弹出 UserKBs 文件安装目录的对话框，选择安装目录，单击

"OK"按钮。然后系统会弹出输入 Cab Server 名称的对话框，默认为本机名称，单击"OK"按钮，如图 2-39 所示。

单击"Install"按钮，安装大概需要 2h 50min。安装完成之后，系统会弹出提示："重启系统，SIT7.0 基础组件安装完成"。重启系统，即可完成 SIMATIC IT 平台的安装。

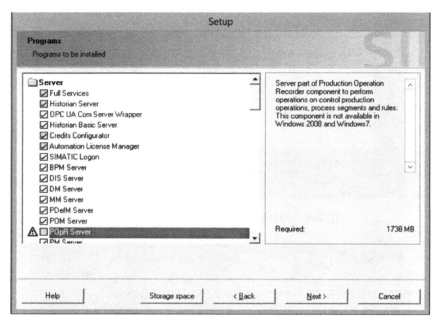

图 2-32　SIMATIC IT 平台组件示意图（一）

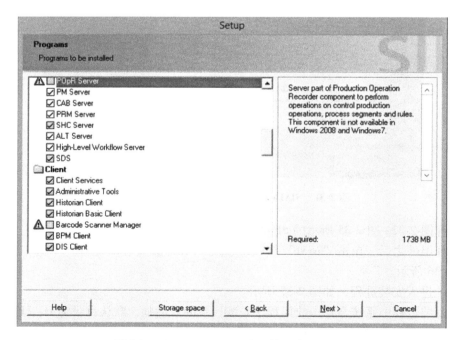

图 2-33　SIMATIC IT 平台组件示意图（二）

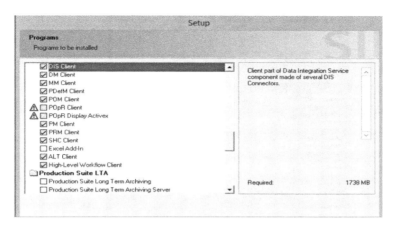

图 2-34　SIMATIC IT 平台组件示意图（三）

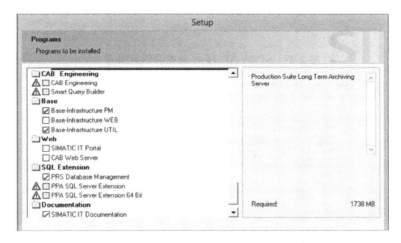

图 2-35　SIMATIC IT 平台组件示意图（四）

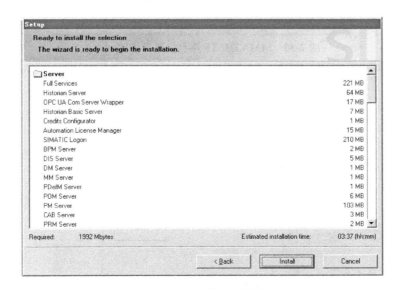

图 2-36　SIMATIC IT 平台安装示意图（四）

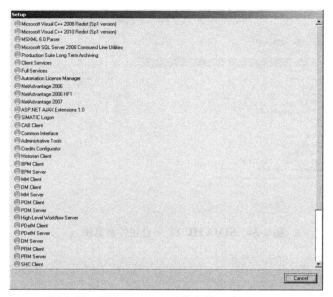

图 2-37　SIMATIC IT 平台安装示意图（五）

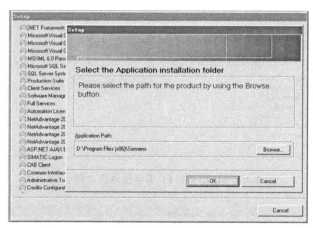

图 2-38　SIMATIC IT 平台安装示意图（六）

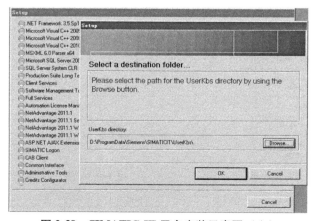

图 2-39　SIMATIC IT 平台安装示意图（七）

2.3　SIMATIC_IT_V7.0_SP1配置

2.3.1　建立工厂

1）按〈Shift〉+〈Esc〉组合键，用户名设为"manager"，密码为空，登录 Management Console 并修改密码，如图2-40所示。

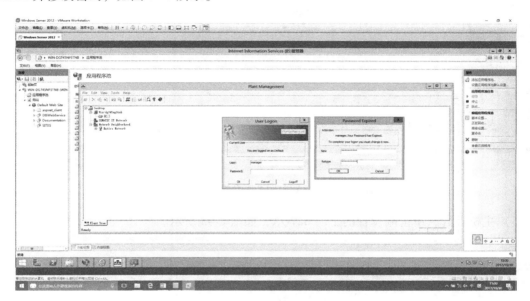

图2-40　SIMATIC IT 平台设置用户名和密码示意图

2）建立工厂，单击"File"→"New command"，如图2-41~图2-42所示。

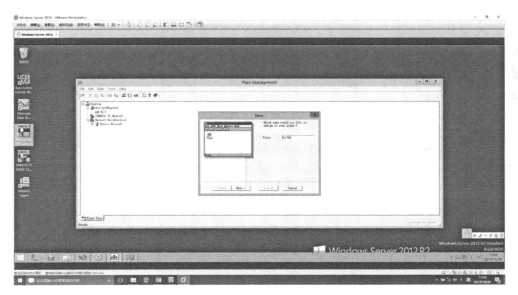

图2-41　SIMATIC IT 平台创建工厂

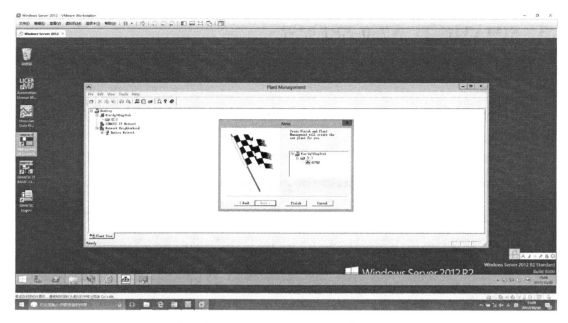

图 2-42　SIMATIC IT 平台选择物理地址

3）主机设置，单击刚设置的工厂 627QX，如图 2-43 所示。

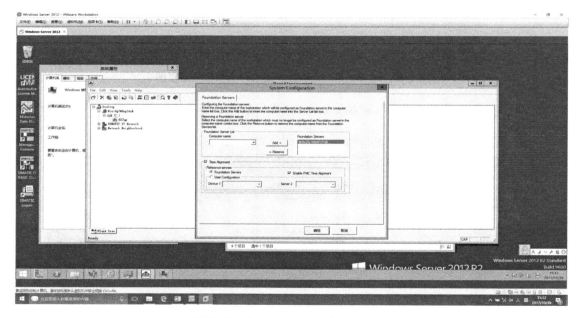

图 2-43　SIMATIC IT 平台主机设置

4）将主机名称设置为当前计算机的名称，如图 2-44 所示。

5）选择 User Unit-Operator Worksation，在 Device 里填入本机名称，单击"Logon"按钮，完成网络设置，如图 2-45 和图 2-46 所示。

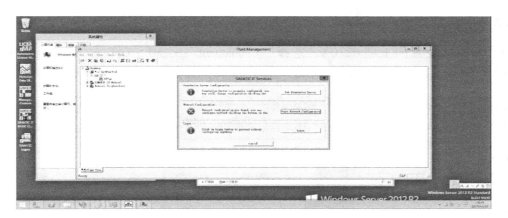

图 2-44 SIMATIC IT 平台主机名称设置

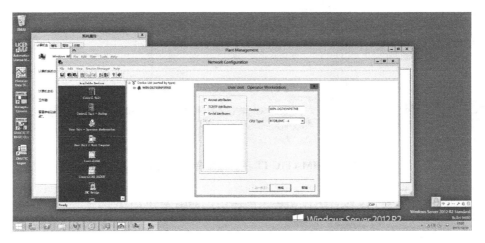

图 2-45 SIMATIC IT 平台网络设置（一）

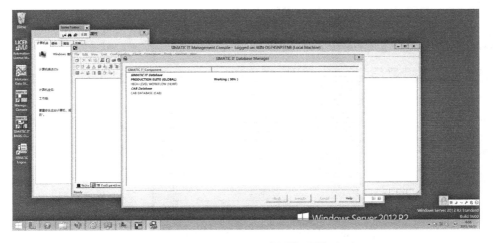

图 2-46 SIMATIC IT 平台网络设置（二）

2.3.2 平台数据库创建实例

1）单击刚设置的工厂 627QX，选择"Component"→"MES Options Server Configurator（MOSC）Server"，输入本机名称，单击"DBManager"按钮，如图 2-47 所示。

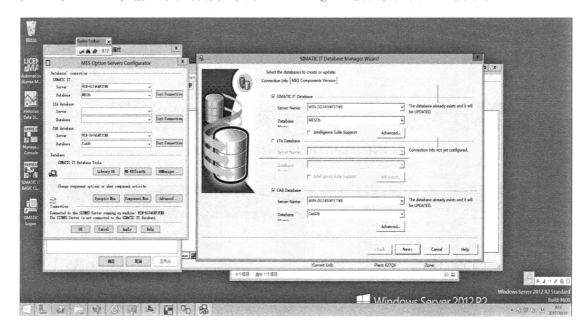

图 2-47 SIMATIC IT 平台数据库创建实例（一）

2）单击"Execute"按钮，执行创建实例操作，如图 2-48 所示。

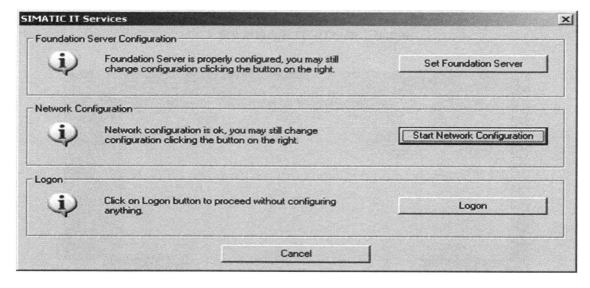

图 2-48 SIMATIC IT 平台数据库创建实例（二）

3）最后单击"Apply"按钮，完成数据库实例的创建如图2-49所示。

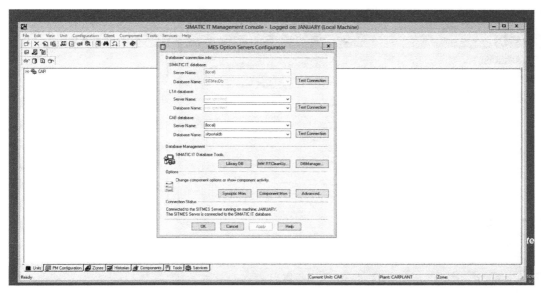

图2-49　SIMATIC IT平台数据库创建实例（三）

2.3.3　配置工厂模型组件服务

1）单击工厂627QX，依次选择"Configuration"→"System"→"Start-Up"→"Startup Conf"，如图2-50所示。

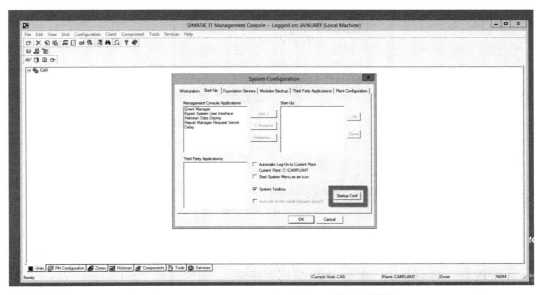

图2-50　SIMATIC IT平台配置工厂模型组件服务

2）需要添加的组件服务列表如图2-51所示。

3）查看服务（Starter Service、Simatic IT IPC Service）是否正常启动，如图2-52所示。

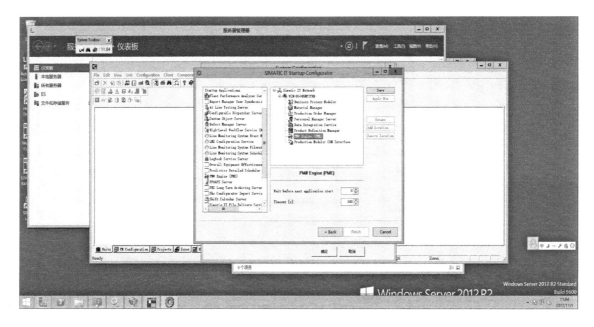

图 2-51　SIMATIC IT 平台添加组件服务列表

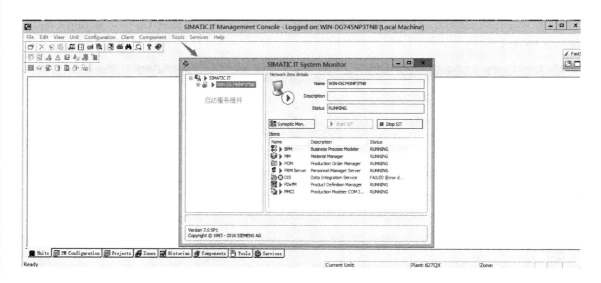

图 2-52　SIMATIC IT 平台查看服务启动

4）配置 IIS，添加标识，单击"IIS 应用程序池"，依次选择"SITAdmin Console""应用程序池"默认设置（或高级设置）"进程模型"→"标识"→"输入本机名称账号及密码"，如图 2-53 和图 2-54 所示。

图 2-53 SIMATIC IT 平台配置 IIS（一）

图 2-54 SIMATIC IT 平台配置 IIS（二）

2.3.4 配置 SIT Web 组件

1）在 IIS 网站依次选择"Default Web Site"→"SITApps"→"SITAdminConsole"，然后单击"浏览：80（http）"，打开 Web 服务配置页面，如图 2-55 所示。

2）选择服务组件，单击"安装"按钮，打开界面如图 2-56 所示。

3）安装完成后，才能在 SIT Portal 显示左边的服务组件，在 IIS 网站依次选择"Default Web Site"→"SIT Apps"→"SIT Portal"，然后单击"浏览：80（http）"，打开 SIMATIC IT 平

台浏览界面如图 2-57 所示。

4）对 SIMATIC IT 平台进行测试，如图 2-58 所示。

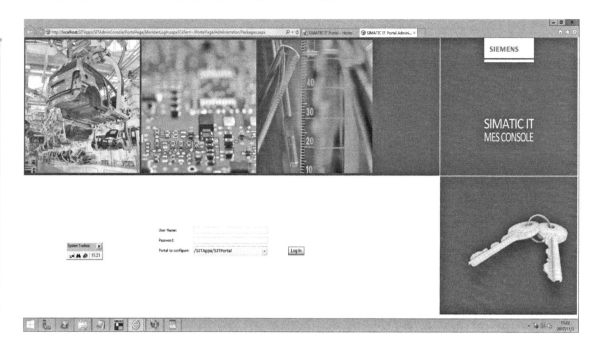

图 2-55   SIMATIC IT 平台配置 Web 组件（一）

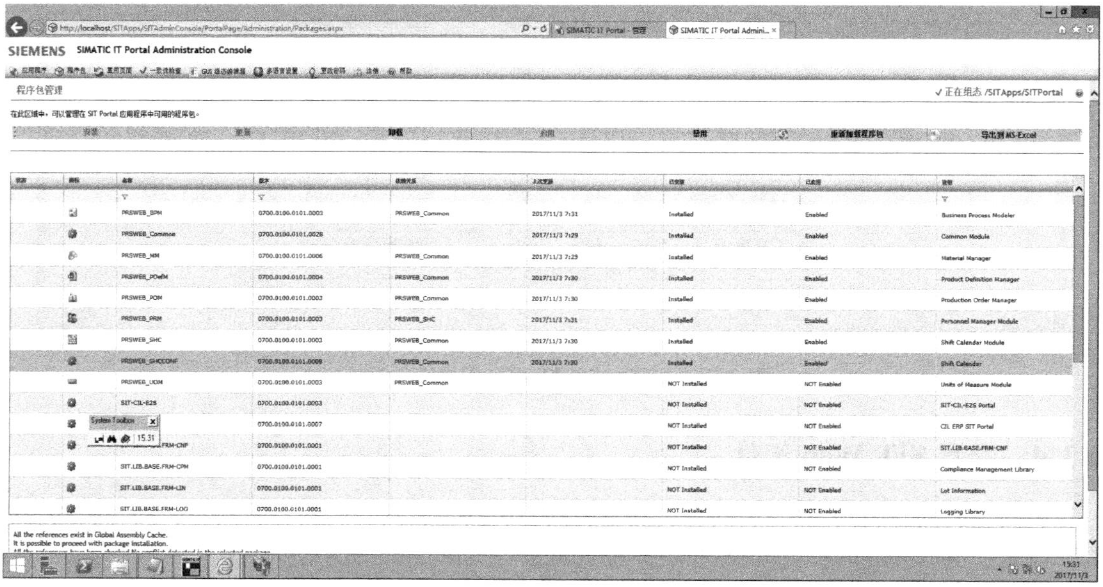

图 2-56   SIMATIC IT 平台配置 Web 组件（二）

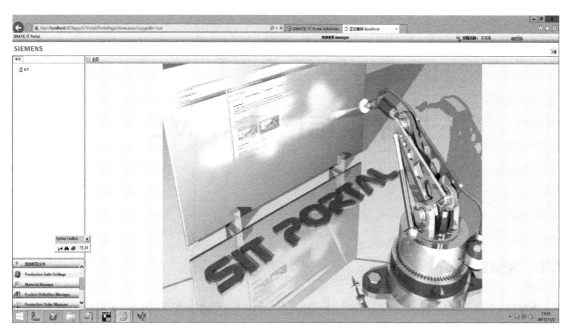

图 2-57 SIMATIC IT 平台浏览

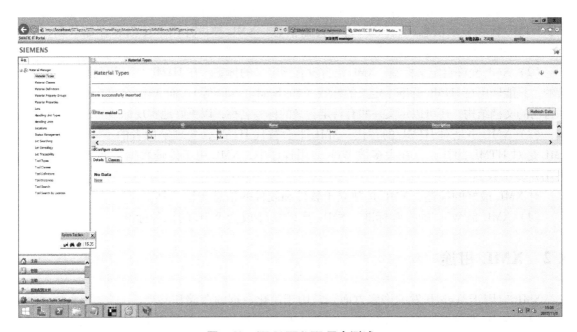

图 2-58 SIMATIC IT 平台测试

第3章

可扩展标记语言XML

3.1　XML 简介

XML（Extensible Markup Language）指可扩展标记语言，是一种很像 HTML 的标记语言。XML 的设计宗旨是传输数据而不是显示数据，需要按照实际业务需求自行定义标签（其标签并不是预定义的）。XML 被设计为具有自我描述性，也是 W3C 的推荐标准。

（1）XML 和 HTML 之间的差异　XML 并不是 HTML 的替代，它们是为不同目的设计的；HTML 旨在显示信息，而 XML 旨在传输信息。XML 被设计用来传输和存储数据，其焦点是数据的内容；HTML 被设计用来显示数据，其焦点是数据的外观。

（2）XML 允许自定义标签　XML 语言没有预定义的标签。在 HTML 中使用的标签都是预定义的，只能使用在 HTML 标准中定义的标签（如<head>、<a>等），而 XML 允许定义自己的标签和自己的文档结构，还可以定义一些有特定含义的标签名称，以更好地实现标签的自我描述。

（3）XML 不是对 HTML 的替代　XML 不会替代 HTML，要理解两者的不同用途和价值。XML 是对 HTML 的补充，在大多数 Web 应用程序中，XML 用于传输数据，而 HTML 用于格式化并显示数据。

对 XML 最好的描述：XML 是独立于软件和硬件的信息传输工具。

（4）XML 是 W3C 的推荐标准　XML 于 1998 年成为 W3C 的推荐标准。

3.2　XML 用途

XML 应用于 Web 开发的许多方面，常用于简化数据的存储和共享。

（1）XML 把数据从 HTML 分离　在 Web 应用程序中，一般使用 HTML/CSS 进行显示和布局，使用 XML 存储动态数据。如果在 HTML 文档中显示动态数据，那么当数据改变时将花费大量的时间来编辑 HTML，此时可使用 XML 可以简化数据的存储和共享，通过使用几行 JavaScript 代码，就可以读取一个外部 XML 文件，并更新网页的数据内容。

（2）XML 简化数据共享　对于不同的企业、系统、设备，其使用的数据存储格式可能是不一样的，XML 数据以纯文本格式进行存储，因此提供了一种独立于软件和硬件的数据存储方法，使不同的数据源共享数据变得更加容易。

（3）XML简化数据传输　在互联网上不兼容的系统之间交换数据比较费时，而XML交换数据降低了这种交换的复杂性，从而使各种不兼容的应用程序都可以读取此类数据。

（4）XML简化平台变更　系统升级（硬件或软件平台）总是非常费时的，其中的新旧数据转换一直是一个难点。数据不兼容往往耗费大量人力和时间，还可能造成数据丢失。XML数据以文本格式进行存储，这使得XML在不损失数据的情况下，更容易扩展或升级到新的操作系统、新的应用程序或新的浏览器。

（5）XML用于创建新的互联网语言　很多新的互联网语言是通过XML创建的，例如，XHTML、用于描述可用的Web服务的WSDL、作为手持设备的标记语言的WAP和WML、描述资本和本体的RDF和OWL、用于描述针对Web多媒体的SMIL。

3.3　XML 树结构

XML文档形成了一种树结构，它从"根部"开始，然后扩展到"枝叶"。

（1）XML文档实例　XML文档使用简单的具有自我描述性的语法，代码如下：

```
<? xml version = "1.0" encoding = "UTF-8" ? >
<note>
    <from>SomebodyA</from>
    <to>SomebodyB</to>
    <heading>Notice：Work-eMail</heading>
    <body>Hello World！ </body>
</note>
```

文档说明：

1）第一行是XML声明，它定义XML的版本（1.0）和所使用的编码（UTF-8）。

2）下一行描述文档的根元素<note>。

3）接下来4行描述根的4个子元素（from、to、heading，以及body）。

4）最后一行定义根元素的结尾</note>。

根据文档的标签，可以假设其内容为SomebodyA发给SomebodyB的一封通知信息。

（2）XML文档形成一种树结构　XML文档必须包含根元素，该元素是所有其他元素的父元素。XML文档中的元素形成了一棵文档树，这棵树从根部开始并扩展到树的最底端。

所有的XML元素都可以有自己的子元素，父、子及同胞等术语用于描述元素之间的关系。父元素拥有子元素，相同层级上的子元素称为同胞（兄弟或姐妹）。所有的元素都可以有文本内容或属性。

XML文档树结构实例如图3-1所示。

图3-1表示XML中的一本书，XML文档实例如下所示：

```
<Bookshop>
    <Book Category = "Education" >
        <Title lang = "en" >English365</Title>
```

```
        <Author>John</Author>
        <Year>2021</Year>
        <Price>￥100</Price>
    </Book>
    <Book Category="Social class">
        <Title lang="CN">走遍大江南北</Title>
        <Author>张三李四</Author>
        <Year>2020</Year>
        <Price>￥25</Price>
    </Book>
</Bookshop>
```

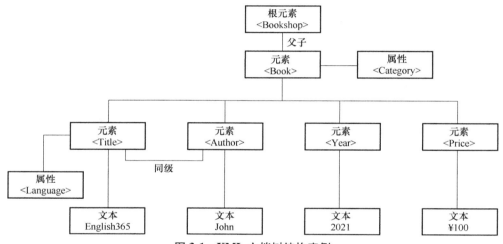

图 3-1　XML 文档树结构实例

实例中的根元素是<Bookshop>。文档中的所有<Book>元素都被包含在<Bookshop>中。<Book>元素有 4 个子元素：<Title>、<Author>、<Year>、<Price>。

3.4　XML 语法规则

XML 的语法规则易学且很有逻辑。

（1）XML 文档必须有根元素　XML 必须包含根元素，它是所有其他元素的父元素，例如，以下实例中的〈rootNode〉就是根元素。

```
<rootNote>
    <childNote>
    <subchild>.....</subchild>
    </childNote>
</rootNote>
```

（2）XML 声明　XML 声明文件的可选部分需要放在文档的第一行，如下所示：

```
<? xml version="1.0" encoding="utf-8"？>
```

（3）所有的 XML 元素都必须有一个关闭标签　在 XML 中，省略关闭标签是非法的，所有元素都必须有关闭标签。关闭标签代码如下：

```
<p>This is a paragraph. </p>
<br/>
```

注意：XML 声明没有关闭标签，这不是错误，声明不是 XML 文档本身的一部分，所以它没有关闭标签。

（4）XML 标签对大小写敏感　标签<Letter>与标签<letter>是不同的，必须使用相同的大小写来编写打开标签和关闭标签。

```
<Message>这是错误的</message>
<message>这是正确的</message>
```

（5）XML 必须正确嵌套　在 XML 中，所有元素都必须彼此正确地嵌套，如下：

```
<out><in>This text is bold and italic</in></out>
```

在上面的实例中，正确嵌套的意思是：由于<in>元素是在<out>元素内打开的，那么它必须在<out>元素内关闭。格式化以后可以更明显地看出嵌套关系，如下：

```
<out>
    <in>This text is bold and italic</in>
</out>
```

（6）XML 属性值必须加引号　与 HTML 类似，XML 元素也可拥有属性（名称/值的对），在 XML 中，XML 的属性值必须加引号。下例中 note 元素的 date 属性，在赋值时需用引号包含。

```
<note date="12/11/2007">
<to>Tove</to>
<from>Jani</from>
</note>
```

（7）实体引用　在 XML 中，一些字符拥有特殊的意义。如果把字符"<" 放在 XML 元素中，会发生错误，这是因为解析器会把它当作新元素的开始，这样会产生 XML 错误。为了避免这个错误，请用实体引用来代替"<" 字符，如下所示：

```
<message>if salary &lt; 1000 then</message>
```

系统将在使用时做替换，如下所示：

```
<message>if salary<1000 then</message>
```

在 XML 中，有五个预定义的实体引用，见表 3-1。

表 3-1　XML 中预定义的实体引用

英 文 符 号	符　号	定　义
&lt;	<	less than
&gt;	>	greater than
&amp;	&	ampersand
&apos;	'	apostrophe
&quot;	"	quotation mark

注意：在 XML 中，只有字符"<" 和"&" 确实是非法的；大于号是合法的，但是用实体引用来代替它是一个好习惯。

（8）XML 中的注释　在 XML 中编写注释的语法与 HTML 的语法很相似。

<! --This is a comment-->

XML 中空格会被保留。HTML 会把多个连续的空格字符裁减（合并）为一个，而在 XML 中，文档中的空格不会被删减。

（9）XML 以 LF 存储换行　XML 目前在 Windows 等主流系统中以 LF 存储换行。

3.5　XML 在 SIMATIC IT 中的应用

SIMATIC IT 作为 MES，需要与上、下游关联系统做数据交互，此时主要使用 XML 作为数据载体，如图 3-2 所示。

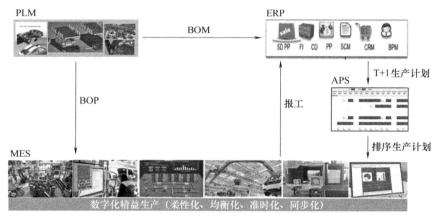

图 3-2　SIMATIC IT 数据交互

BOM 的 XML 示例，代码如下：

```xml
<? xml version = "1. 0" encoding = "UTF-8" ? >
    <BOM>
        <Model>DJ-KN03-200201. 1</Model>
        <Item>
            <Keypart>RAM01200302</Keypart>
            <Qty>1</Qty>
        </Item>
        <Item>
            <Keypart>CPU02000304</Keypart>
            <Qty>1</Qty>
        </Item>
        <Item>
            <Keypart>CAB03000402</Keypart>
            <Qty>3</Qty>
        </Item>
    </BOM>
```

第4章

通过SIMATIC IT平台构建项目

4.1 需求综述

SIMATIC IT Framework 是一个建模环境，它通过图形的方式将不同的 SIMATIC IT Components 功能组合在一起来定义执行逻辑（显式规则法）。SIMATIC IT Framework 是根据物理对象（实际的装置和设备）和逻辑对象（软件包及应用程序）来完成对工厂模型的创建；然后根据工厂的实际业务完成业务模型；通过业务模型和工厂模型的互动将工厂物理对象、逻辑对象、SIMATIC IT 平台组件、第三方组件，以及遗留系统有机地整合起来，成为企业业务流程的各个环节。SIMATIC IT Framework 包括 SIMATIC IT Service 和 Production Modeler。

在标准的产品平台基础上，SIMATIC IT 平台提供了通用的跨行业库（Cross Industry Library），在跨行业库中定义了可以应用于不同行业的常用对象；同时，还提供了对现有平台功能的扩展功能。针对烟草、食品饮料和离散制造等行业，西门子公司提供了相应的解决方案库，例如，烟草解决方案库中不仅提供了卷烟生产设备对象，而且提供了经过实践检验的业务逻辑模型。

4.2 管理控制台使用

下面对 SIMATIC IT 平台管理控制台的使用过程进行介绍。首先单击"Management Console"启动管理控制台，如图 4-1 所示。

1）双击 C 盘下已存在的工厂模型，如图 4-2 所示。

2）配置工厂模型的端口号，如图 4-3 所示。

3）配置工厂模型的组件服务，如图 4-4 所示。

4）需要添加的组件服务列表如图 4-5 所示。

5）配置工厂模型服务的链接，端口号要与工厂模型的端口号一致，如图 4-6 所示。

6）启动工厂模型的 PM 组件服务，如图 4-7 所示。

7）连接工厂模型服务后，打开已存在的工厂模型，如图 4-8 所示。

8）在工厂模型界面中增加设备模型，如图 4-9 所示。

图 4-1　SIMATIC IT 平台启动管理控制台

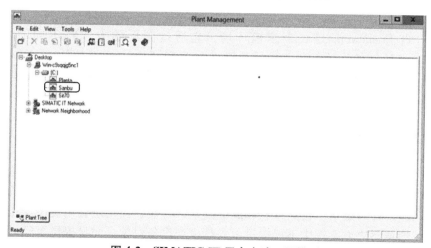

图 4-2　SIMATIC IT 平台启动工厂模型

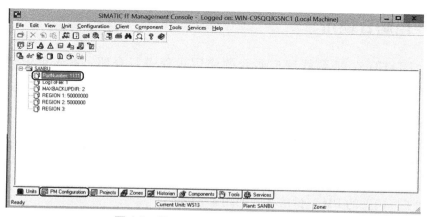

图 4-3　SIMATIC IT 平台配置端口号

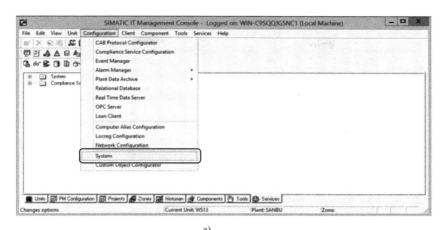

a)

b)

图 4-4 SIMATIC IT 平台配置工厂模型的组件服务

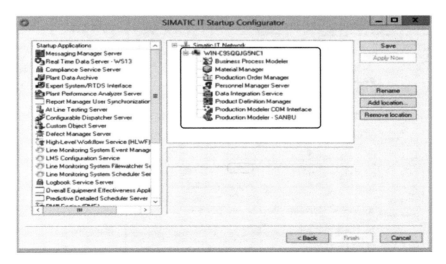

图 4-5 SIMATIC IT 平台添加的组件服务列表

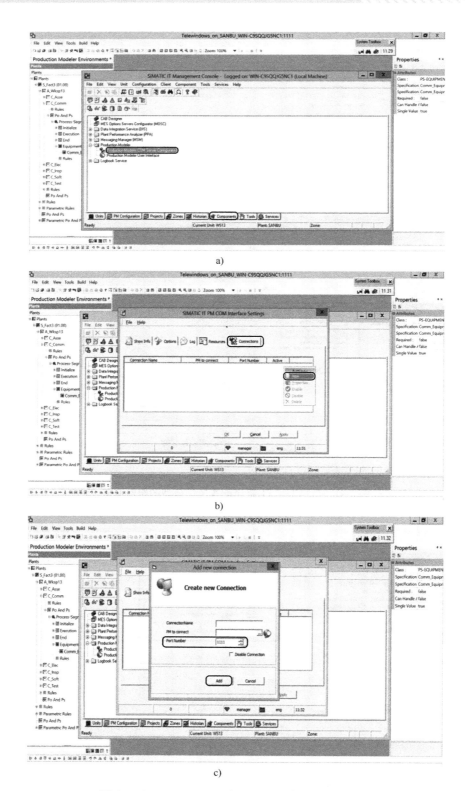

图 4-6 SIMATIC IT 平台配置工厂模型服务的链接

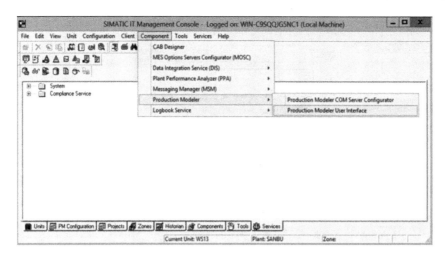

图 4-7 SIMATIC IT 平台启动工厂模型的 PM 组件服务

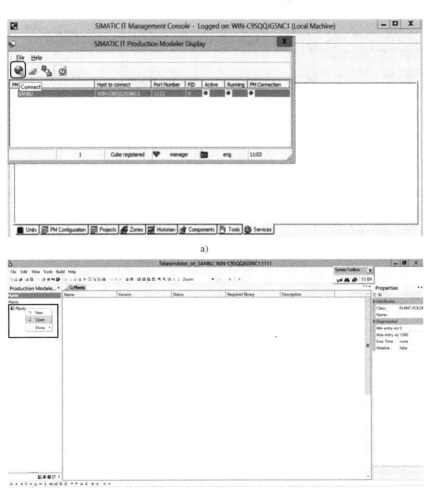

a)

b)

图 4-8 SIMATIC IT 平台连接工厂模型服务

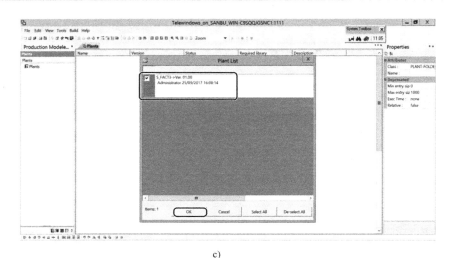

c)

图 4-8 SIMATIC IT 平台连接工厂模型服务（续）

a)

b)

图 4-9 SIMATIC IT 平台增加设备模型

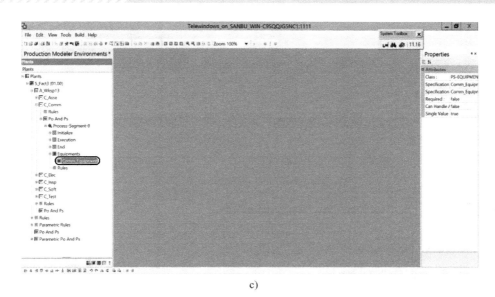

c)

图 4-9 SIMATIC IT 平台增加设备模型（续）

4.3 物料管理

1）单击"Material Types"，新增物料类别，如图 4-10 所示。

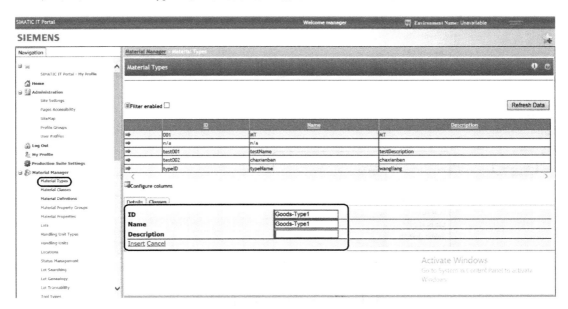

图 4-10 SIMATIC IT 平台新增物料类别

2）单击"Material Classes"，新增物料类型，如图 4-11 所示，勾选"Is Template"复选框。

3）单击"Material Definitions"，新增物料，如图 4-12 所示。

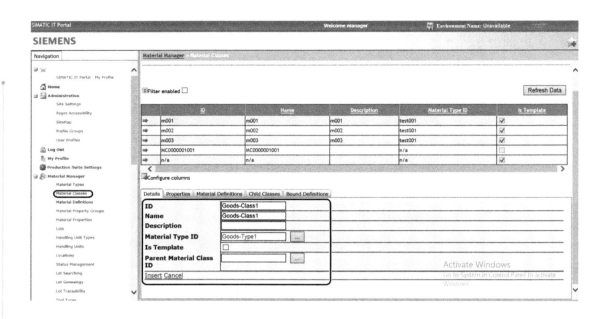

图 4-11　SIMATIC IT 平台新增物料类型

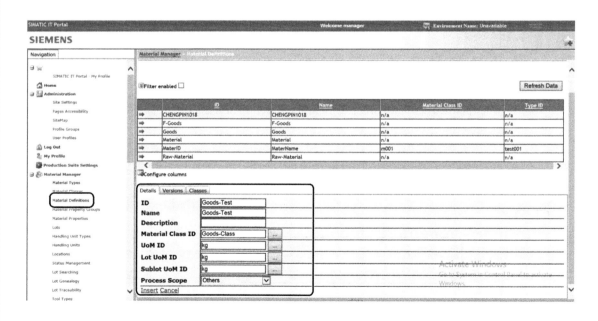

图 4-12　SIMATIC IT 平台新增物料

4）选中物料，单击"Change Status"，将物料状态改变为"APPROVED"，如图 4-13 所示，"Change Status"可以在"Version"下找到。

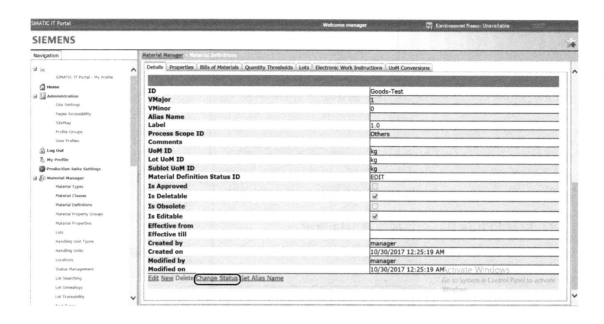

图4-13 SIMATIC IT平台物料状态修改

4.4 工艺路线管理

1）单击"Product Prodiction Rules"，再单击"New"按钮，新建PPR，创建类型选择"New PPR"，如图4-14所示。

a)

图4-14 SIMATIC IT平台新建PPR

b)

图 4-14　SIMATIC IT 平台新建 PPR（续）

2）填写 PPR 信息，必填项如图 4-15 所示。

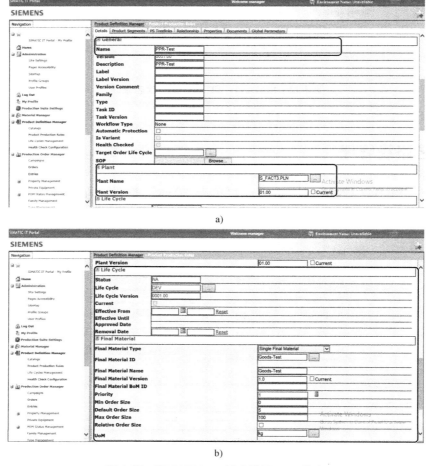

图 4-15　SIMATIC IT 平台填写 PPR 信息

3）选择已创建的"PPR-Test"，单击"Product Segments"选项，单击"Manage"按钮，新建"Product Segments"（PS），如图 4-16 所示。

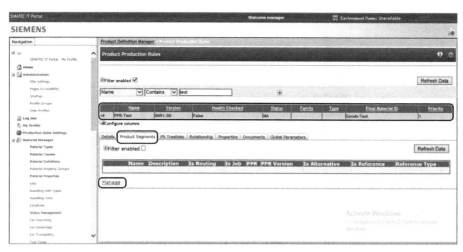

图 4-16　SIMATIC IT 平台新建 PS

4）新建 Product Segments 界面，创建类型选择"New PS"，如图 4-17 所示。

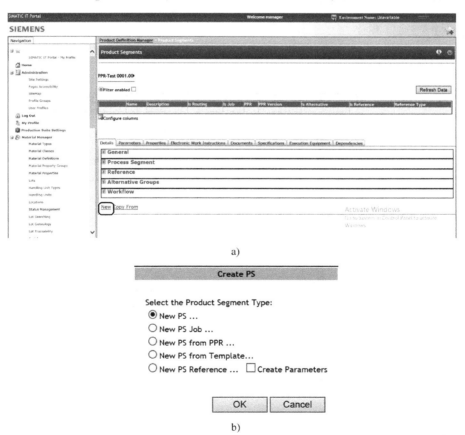

图 4-17　SIMATIC IT 平台新建 PS 类型设置

5）每个"Product Segment"对应一个"Process Segment"，"Process Segment"为工厂模型中的工序，如图 4-18 所示。

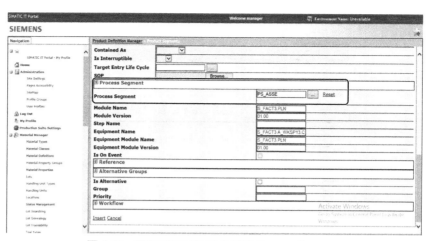

图 4-18　SIMATIC IT 平台新建 Process Segment

6）新增执行设备，需要在 PM 组件中先新建设备，然后在此处选择绑定，选择的设备需要与 Process Segment 中的设备一致，具体如图 4-19 所示。

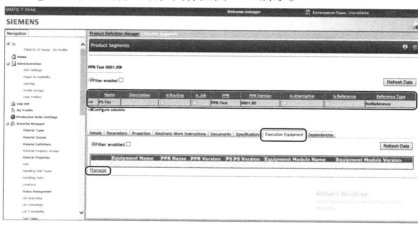

a)

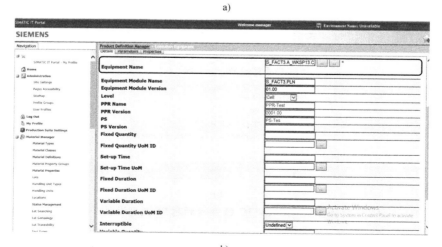

b)

图 4-19　SIMATIC IT 平台新增执行设备

7）进行 PPR 健康检查，如图 4-20 所示。

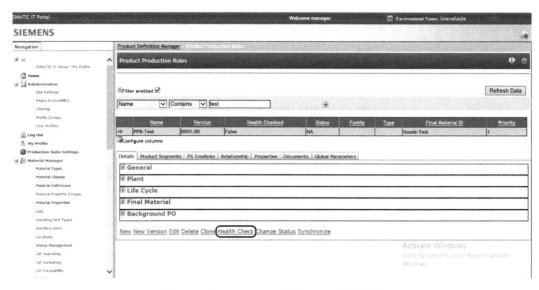

图 4-20 SIMATIC IT 平台 PPR 健康检查

8）PPR 健康检查通过提示，如图 4-21 所示。

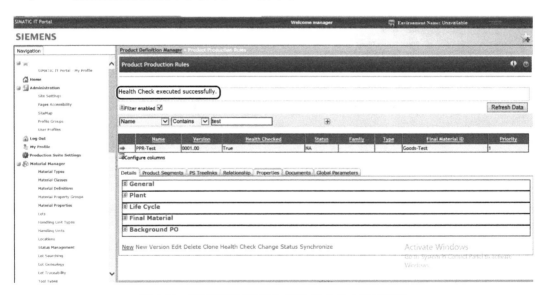

图 4-21 SIMATIC IT 平台 PPR 健康检查通过提示

4.5 工单管理

1）进入 Production Order Management，单击"Order"，创建类型选择"Product Production Rule"，如图 4-22 所示。

图 4-22　SIMATIC IT 平台创建工单

2）填写 Order 信息，必填项如图 4-23 所示。

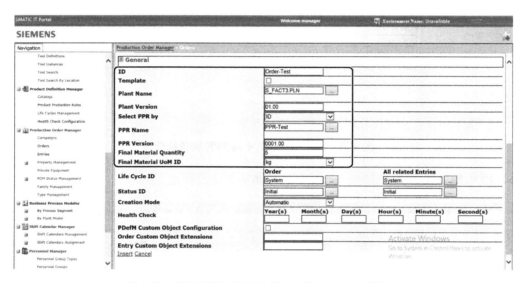

图 4-23　SIMATIC IT 平台创建工单 Order 必填信息

3）工单创建完成后，工序根据 PPR 中的 PS 信息自动生成必填项。

第 5 章

SIMATIC IT平台二次开发部署

5.1　VS2015 详细安装步骤

1）安装之前首先下载 VS2015，下载地址为：http://download.microsoft.com/download/ B/4/8/B4870509-05CB-447C-878F-2F80E4CB464C/vs2015.com_chs.iso。

2）下载完成后将镜像文件解压，解压后双击打开 vs_enterprise，安装 VS2015 中文企业版。

3）打开后启动界面如图 5-1 所示。

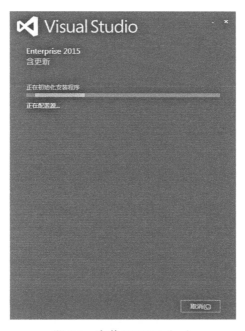

图 5-1　安装 VS2015（一）

4）安装类型选择"自定义"，更改安装目录后单击"下一步"按钮，选择安装功能后单击"下一步"按钮，单击"安装"按钮。安装过程如图 5-2 所示。

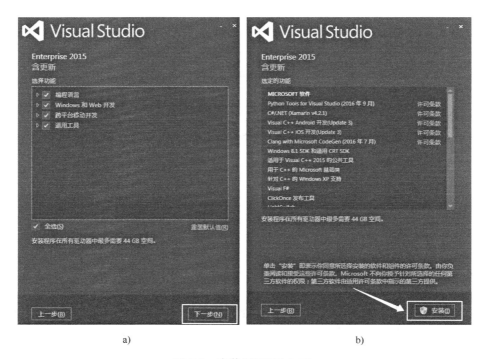

a)   b)

图 5-2　安装 VS2015（二）

5）安装功能组件的界面如图 5-3 所示。

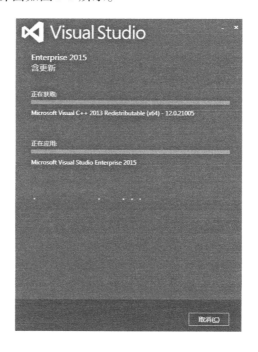

图 5-3　安装 VS2015（三）

5.2　通过 BREAD 方式二次开发

5.2.1　BREAD 简介

如图 5-4 所示，BREAD 可在 Portal 层级通过相关模块的 dll 引用，通过调用 dll 的方法来操作业务对象，简单来讲就是替代 PM 中的 rule，在 Portal 中通过 C#语言实现业务逻辑。

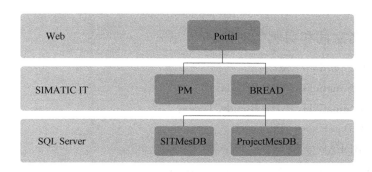

图 5-4　BREAD 调用

5.2.2　运行环境准备

引用 dll 模块，有以下三类：

1）MM 模块引用见表 5-1。

表 5-1　MM 模块引用

dll 名称	dll 路径	dll 说明
BreadBase. dll	ICUBESYS\SIT\MES\BIN	基础 dll
MMTypes. dll	ICUBESYS\SIT\MES\BIN	每个模块有两个 dll 供使用，例如，MM 有 MMBread. dll 和 MMTypes. dll
MMBread. dll	ICUBESYS\SIT\MES\BIN	
SITCAB. BREADAttributes. dll	ICUBESYS\SIT\CAB\public	返回值 ReturnValue 使用

2）PDefM 模块引用见表 5-2。

表 5-2　PDefM 模块引用

dll 名称	dll 路径	dll 说明
BreadBase. dll	ICUBESYS\SIT\MES\BIN	基础 dll
PDefMBread. dll	ICUBESYS\SIT\MES\BIN	每个模块有两个 dll 供使用，例如，MM 有 MMBread. dll 和 MMTypes. dll
PDefMTypes. dll	ICUBESYS\SIT\MES\BIN	
SITCAB. BREADAttributes. dll	ICUBESYS\SIT\CAB\public	返回值 ReturnValue 使用

3）POM 模块引用见表 5-3。

表 5-3　POM 模块引用

dll 名称	dll 路径	dll 说明
BreadBase. dll	ICUBESYS\SIT\MES\BIN	基础 dll
POMBread. dll	ICUBESYS\SIT\MES\BIN	每个模块有两个 dll 供使用，例如，MM 有 MMBread. dll 和 MMTypes. dll
POMTypes. dll	ICUBESYS\SIT\MES\BIN	
SITCAB. BREADAttributes. dll	ICUBESYS\SIT\CAB\public	返回值 ReturnValue 使用

5.2.3　引入命名空间和实例化对象

引入命名空间，如 POM 模块：

using Siemens. SimaticIT. POM. Breads；

using Siemens. SimaticIT. POM. Breads. Types；

using SITCAB. DataSource. Libraries；

实例化 OrderBREAD 实例

Order_BREAD orderBREAD = new Order_BREAD（）；

实例化 Order 实例 Order order = new Order （）；

注意：所有供业务操作的方法都在 Order_BREAD 类中，Order 类中存储对象属性，具体的文档说明可参考 C：\ICUBESYS\SIT\Documentation\POMBREADeng. chm 文档。

5.2.4　开发实例

1. 创建业务类库

与页面平级创建类库"Siemens. Business"，用于存储代替"rule"的业务类，在此类库中开发业务类，实现平台的业务处理。下面列举部分业务类库，代码说明可见类文件中的注释。

图 5-5　Siemens. Business 类库

2. 创建物料库

创建物料库程序如下。

using System；

using System. Collections. Generic；

using System. Linq；

using System. Text；

using System. Threading. Tasks；

using Siemens. SimaticIT. MM. Breads；

using Siemens. SimaticIT. MM. Breads. Types；

```csharp
using SITCAB. DataSource. Libraries;

namespace CreateMM
{
    public class CreateMM
    {
        ///<summary>
        ///创建物料
        ///</summary>
        public void MM_Create()
        {
            //新建一条物料数据
            Definition myDefinition = new Definition();
            myDefinition. ID = "MM031212";
            myDefinition. Name = "MM031212";

            DefinitionVersion myDefinitionVersion = new DefinitionVersion();
            myDefinitionVersion. UoMID = "kg";

            Definition_BREAD bread = new Definition_BREAD();
            bread. SetCurrentUser("Manager", "siemens", "WIN-C9SQQJG5NC1");
            ReturnValue ret = bread. Create(myDefinition, myDefinitionVersion);
            //改变物料状态为"审核通过"
            DefinitionVersion_BREAD breadVersion = new DefinitionVersion_BREAD();
            breadVersion. SetCurrentUser("Manager", "siemens", "WIN-C9SQQJG5NC1");
            myDefinitionVersion. ID = "MM031212";
            myDefinitionVersion. VMajor = 1;
            myDefinitionVersion. VMinor = 0;
            myDefinitionVersion. DefinitionStatusID = "APPROVED";

            ReturnValue ret1 = breadVersion. SetStatus(myDefinitionVersion);

        }
    }
    class Program
    {
        static void Main(string[] args)
        {
            CreateMM cm = new CreateMM();
```

```
                cm. MM_Create( ) ;
            }
        }
}
```

3. 创建工艺路线库

创建工艺路线库程序如下。

```csharp
using System ;
using System. Collections. Generic ;
using System. Linq ;
using System. Text ;
using System. Threading. Tasks ;

using Siemens. SimaticIT. PDefM. Breads ;
using SITCAB. DataSource. Libraries ;
using Siemens. SimaticIT. PDefM. Breads. Types ;

namespace CreatePPR
{
    public class CreatePPR
    {
        /// <summary>
        /// 新建 PPR
        /// </summary>
        public void PPR_Create( )
        {
            ProductProductionRule_BREAD bread = new ProductProductionRule_BREAD( ) ;
            bread. SetCurrentUser( "Manager" , "siemens" , "WIN-C9SQQJG5NC1" ) ;

            ProductProductionRule myProductProductionRule = new ProductProductionRule( ) ;
            myProductProductionRule. PPRName = "PPR-0312001" ;
            myProductProductionRule. PPRVersion = "0001. 00" ;
            myProductProductionRule. PlantName = "S_FACT3. PLN" ;
            myProductProductionRule. PlantVersion = "01. 00" ;
            myProductProductionRule. Status = "NA" ;
            myProductProductionRule. LifeCycleName = "DEV" ;
            myProductProductionRule. LifeCycleVersion = "0001. 00" ;
            myProductProductionRule. FinalMaterialID = "MM031212" ;
            myProductProductionRule. FinalMaterialName = "MM031212" ;
            myProductProductionRule. FinalMaterialVersion = "1. 0" ;
```

```
    myProductProductionRule. Priority = 1;
    myProductProductionRule. MinBatchSize = 0;
    myProductProductionRule. MaxBatchSize = 100;
    myProductProductionRule. DefaultBatchSize = 5;
    myProductProductionRule. BatchUoMID = "kg";

    ReturnValue ret = bread. Create( myProductProductionRule );

}


/// <summary>
/// 新建 PS
/// </summary>
public void PS_Create( )
{
    ProductSegment myProductSegment = new ProductSegment( );
    myProductSegment. PPRName = "PPR-0312001";
    myProductSegment. PPRVersion = "0001. 00";
    myProductSegment. PSName = "PS-0312001";
    myProductSegment. Job = true;

    ProductSegment_BREAD bread = new ProductSegment_BREAD( );
    bread. SetCurrentUser( "Manager", "siemens", "WIN-C9SQQJG5NC1" );
    ReturnValue ret = bread. Create( myProductSegment );
}


/// <summary>
/// PPR 健康检查
/// </summary>
public void PPR_HealthCheck( )
{
    String strPPR, strPPRVersion, strXMLHCResult;
    Int32 iHCResult;

    strPPR = "PPR-0312001";
    strPPRVersion = "0001. 00";

    ProductProductionRule_BREAD bread = new ProductProductionRule_BREAD( );
    ReturnValue rv = bread. HealthCheck( strPPR, strPPRVersion, out iHCResult, out
```

```
strXMLHCResult);
            }
        }

    class Program
    {
        static void Main(string[ ] args)
        {
            CreatePPR cp = new CreatePPR( );
            cp. PPR_Create( );
            cp. PS_Create( );
            cp. PPR_HealthCheck( );
        }
    }
}
```

4. 工单创建

工单创建程序如下。

```
using System;
using System. Collections. Generic;
using System. Linq;
using System. Text;
using System. Threading. Tasks;
using Siemens. SimaticIT. POM. Breads;
using Siemens. SimaticIT. POM. Breads. Types;
using SITCAB. DataSource. Libraries;

namespace SiemensTestDemo
{
    public class CreateOrder
    {
        public CreateOrder( )
        {

        }

        string orderId;
        public string OrderId
        {
            get { return orderId; }
```

```
        set { orderId = value; }
}


string pprId;
public string PprId
{
    get { return pprId; }
    set { pprId = value; }
}


int quantity;
public int Quantity
{
    get { return quantity; }
    set { quantity = value; }
}


string uom;
public string Uom
{
    get { return uom; }
    set { uom = value; }
}


string orderType;
public string OrderType
{
    get { return orderType; }
    set { orderType = value; }
}


string dueDate;
public string DueDate
{
    get { return dueDate; }
    set { dueDate = value; }
}
///<summary>
///创建工单 fromPPR
```

```
///</summary>
///<returns></returns>
public ReturnValue CreateOrderByPPR()
{
        OrderId="Order0312001";
        PprId="PPR-0312001";
        Quantity=3;
        Uom="kg";
        //初始化 OrderBREAD 实例
        Order_BREAD orderBREAD=new Order_BREAD();
        orderBREAD.SetCurrentUser("Manager","siemens","WIN-C9SQQJG5NC1");
        //初始化 Order 实例
        Order order=new Order();
        //创建 Order 的 XML
        string xmlOrderCreation=@"<CREATE_ORDER_FROM_PRODUCT VERSION
="""1""">
                            <ORDER>
                                <ORDER_ID>"+OrderId+
@"</ORDER_ID>
<CREATION_MODE>Automatic</CREATION_MODE>
<PLANT_ID>S_FACT3.PLN</PLANT_ID>
<PLANT_VERSION>01.00</PLANT_VERSION>
                                <PPR_ID>"+PprId+@"</PPR_ID>
<PPR_VERSION>0001.00</PPR_VERSION>
                                <QUANTITY>"+Quantity+
@"</QUANTITY>
                                <UOM>"+Uom+@"</UOM>
<ORDER_STATUS_ID>Initial</ORDER_STATUS_ID>
<ORDER_TRANSITION_GROUP_ID>System</ORDER_TRANSITION_GROUP_ID>
<ENTRY_STATUS_ID>Initial</ENTRY_STATUS_ID>
<ENTRY_TRANSITION_GROUP_ID>System</ENTRY_TRANSITION_GROUP_ID>
                            </ORDER>
</CREATE_ORDER_FROM_PRODUCT>";
        //返回值
        Order_BREAD.CreateFromPPRResult[]createFromPPRResult;
        //执行创建 XML
        ReturnValue rv;
        rv=orderBREAD.CreateFromPPR(xmlOrderCreation,out createFromPPRResult);
```

```
                return rv;
            }


    }
    class Program
    {
        static void Main(string[ ]args)
        {
            CreateOrder co = new CreateOrder( );
            ReturnValue rv = co. CreateOrderByPPR( );
        }
    }
}
```

5. 订单状态修改

订单状态修改程序如下。

```
using System;
using System. Collections. Generic;
using System. Linq;
using System. Text;
using Siemens. SimaticIT. POM. Breads;
using Siemens. SimaticIT. POM. Breads. Types;
using SITCAB. DataSource. Libraries;

namespace Siemens. Business
{
    public class UpdateOrderStatus
    {
        public static ReturnValue UpdateOrderStatusFunc( string orderId , string statusId)
        {
            //初始化 OrderBREAD 实例
            Order_BREAD orderBREAD = new Order_BREAD( );
            //初始化 Order 实例
            Order order = new Order( );
            //订单 Id
            order. ID = orderId;
            //订单状态
            order. StatusID = statusId;
            //修改订单状态
            ReturnValue rv = orderBREAD. SetStatus( order);
```

```
                    return rv;
                }


            }
        }
```

6. 订单属性修改

订单属性修改程序如下。

```
using System;
using System. Collections. Generic;
using System. Linq;
using System. Text;
using Siemens. SimaticIT. POM. Breads;
using Siemens. SimaticIT. POM. Breads. Types;
using SITCAB. DataSource. Libraries;


namespace Siemens. Business
{
    public class UpdateOrderProperty
    {
        public static ReturnValue UpdateOrderPropertyFunc(string orderId, string orderType,
string dueDate)
        {
            //初始化 OrderBREAD 实例
            Order_BREAD orderBREAD = new Order_BREAD();
            //初始化 Order 实例
            Order order = new Order();
            ReturnValue rv;
            //订单 Id
            order. ID = orderId;
            //订单类型
            order. TypeID = orderType;
            //计划时间
            order. DueDate = Convert. ToDateTime(dueDate);
            order. JobID = "9999999";
            //执行修改方法
            rv = orderBREAD. Edit(order);
            return rv;
        }
```

```
    }
}
```

7. 页面开发调用业务类库

（1）引用业务类库

using Siemens. Business;

using SITCAB. DataSource. Libraries;

（2）调用业务类库方法　举例说明订单创建和订单排序操作。

（3）订单创建操作　订单创建操作程序如下：

```
//实例化业务类
CreateOrder CreateOrder = new CreateOrder();
//设置属性值
CreateOrder. OrderId = orderId;
CreateOrder. PprId = pprId;
CreateOrder. Quantity = Convert. ToInt32(quantity);
CreateOrder. Uom = "PC";
CreateOrder. DueDate = dueDate;
CreateOrder. OrderType = orderType;
//调用业务类方法实现订单创建
ReturnValue rv = CreateOrder. CreateOrderByPPR();
if(rv. succeeded)
{
    //提示操作成功
}
else
{
//提示 rv. message 错误描述
}
```

（4）订单排序　静态方法直接调用程序如下：

```
ReturnValue rv = UpdateOrderStatus. UpdateOrderStatusFunc(Order_ID, "Scheduled");
if(rv. succeeded)
{
    //提示操作成功
}
else
{
//提示 rv. message 错误描述
}
```

5.3 系统部署

5.3.1 IIS 服务部署

1）右击 IIS 中网站节点，选择"添加网站"，在弹出的界面中选择程序包所在文件目录，如图 5-6 所示。

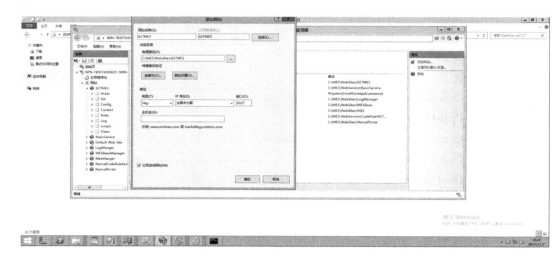

图 5-6　添加网站

2）单击新建的网站，右击，依次添加以下服务及相应端口，如图 5-7 所示。

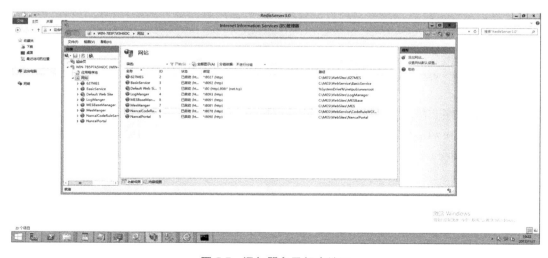

图 5-7　添加服务及相应端口

3）选择服务（所有的），单击鼠标右键→单击"浏览"，找到 Web. Config 文件，修改数据库连接信息，如图 5-8 所示。

图 5-8　修改数据库连接信息

5.3.2　数据库还原

1）打开数据库 SQL Server 2012，输入账号、密码，单击"Connect"按钮，如图 5-9 所示。

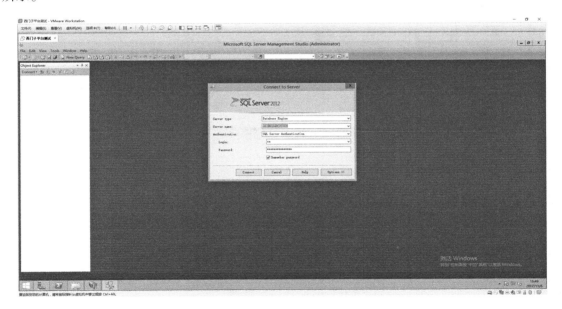

图 5-9　数据库还原（一）

2）可看到西门子平台建立的两个数据库实例 MESDb 和 CABDb，如图 5-10 所示。

3）单击左侧"Databases"，右击"还原数据库"，选择 627MES2017_10_31.bak 文件所在目录，单击"OK"按钮，如图 5-11 所示。

4）单击左侧"Databases"，右击"还原数据库"，选择 Nancal_Portal.bak 文件所在目录，单击"OK"按钮，如图 5-12 所示。

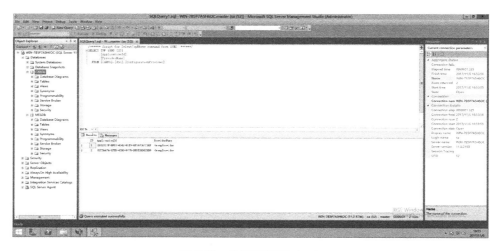

图 5-10 数据库还原（二）

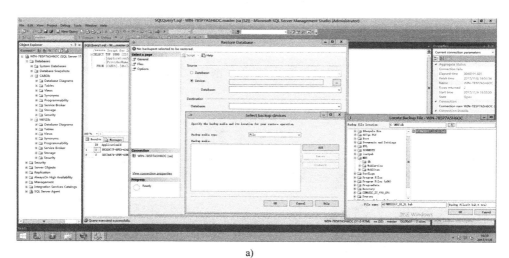

a)

b)

图 5-11 数据库还原（三）

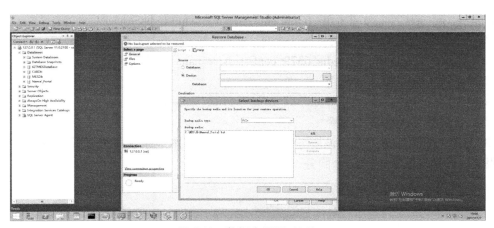

图 5-12　数据库还原（四）

5.3.3　Redis 部署

（1）安装 Redis Server　cmd→进入 redis 安装目录，运行命令，如图 5-13 所示。

a)

b)

图 5-13　安装 redis 服务

redis-server--service-install redis. 6380. conf--service-name redisService1

//启动6380端口服务的命令

redis-server--service-install redis. 6379. conf--service-name redisService2，

//启动6379端口服务的命令

redis-server--service-install redis. 6381. conf--service-name redisService3，

//启动6381端口服务的命令

（2）配置 redis 服务　找到该服务，修改登录身份为本地系统账户，并设置恢复为重新启动服务，设置完后重启这三个服务，如图 5-14 所示。

图 5-14　配置 redis 服务

（3）安装 BasicServiceHost　该系统可用来管理日志服务、Redis 服务，安装界面如图 5-15所示。

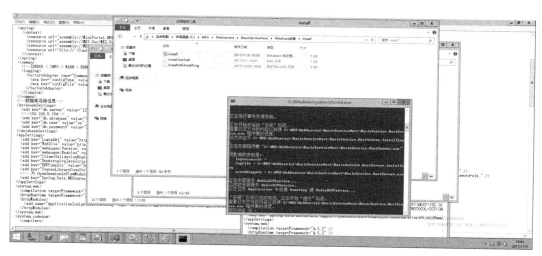

图 5-15　安装 BasicServiceHost

（4）配置 BasicServiceHost 服务　找到该服务，修改登录身份为本地系统账户，并设置恢复为重新启动服务，设置完成后重启这个服务，如图 5-16 所示。

图 5-16　配置 BasicServiceHost 服务

5.3.4　菜单配置

1）打开 http：//127.0.0.1：8090/或者本机 IP+端口号。

2）打开系统应用→菜单管理→修改，修改 127.0.0.1 为本机 IP，如图 5-17 所示。

图 5-17　MES 管理系统菜单配置

5.3.5　数据库日常备份

1）在管理中找到"维护计划"，右击，选择"维护计划向导"，如图 5-18 所示。

2）进入"维护计划向导"对话框，单击"下一步"按钮，如图 5-19 所示。

3）输入计划名称，并单击"更改"按钮进行备份时间计划的设置，如图 5-20 所示。

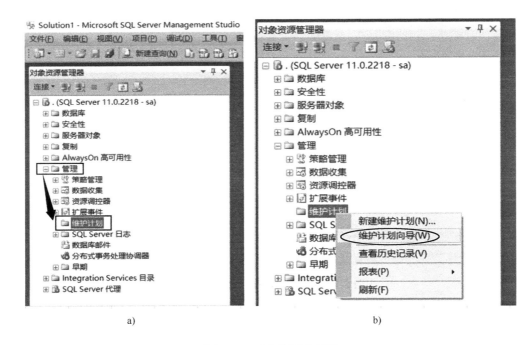

a)　　　　　　　　　　　　　b)

图 5-18　对象资源管理器

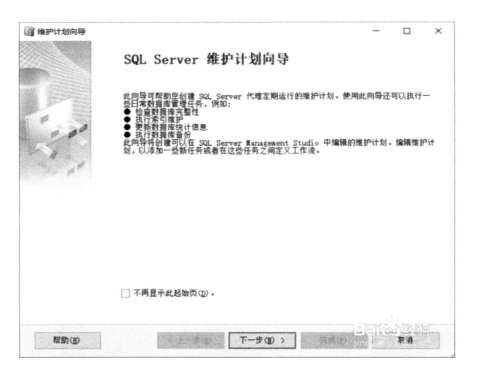

图 5-19　维护计划向导设置

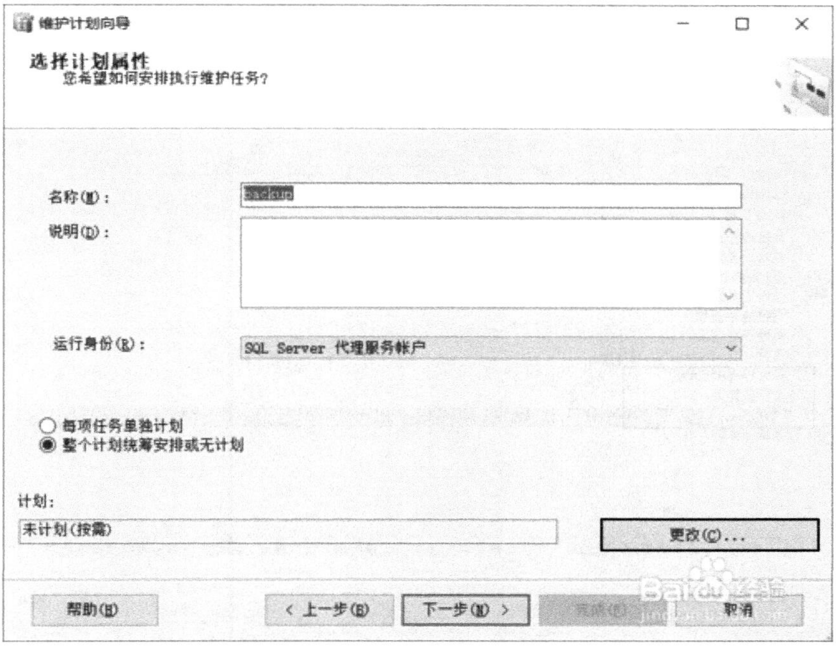

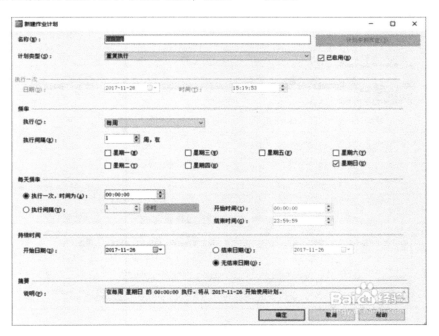

图 5-20　选择计划属性设置

也可以根据实际需要对时间进行设定，如图 5-21 所示。

图 5-21　新建作业计划设置

4）选择维护的任务，一般选择备份数据库（完整）、备份数据库（差异）、备份数据库（事务日志）这三项，如图 5-22 所示。

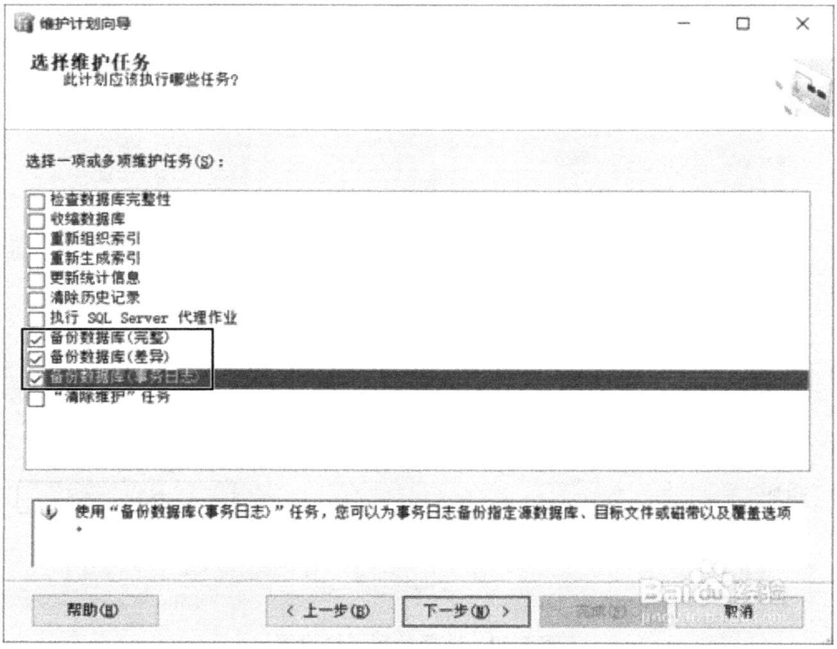

a)

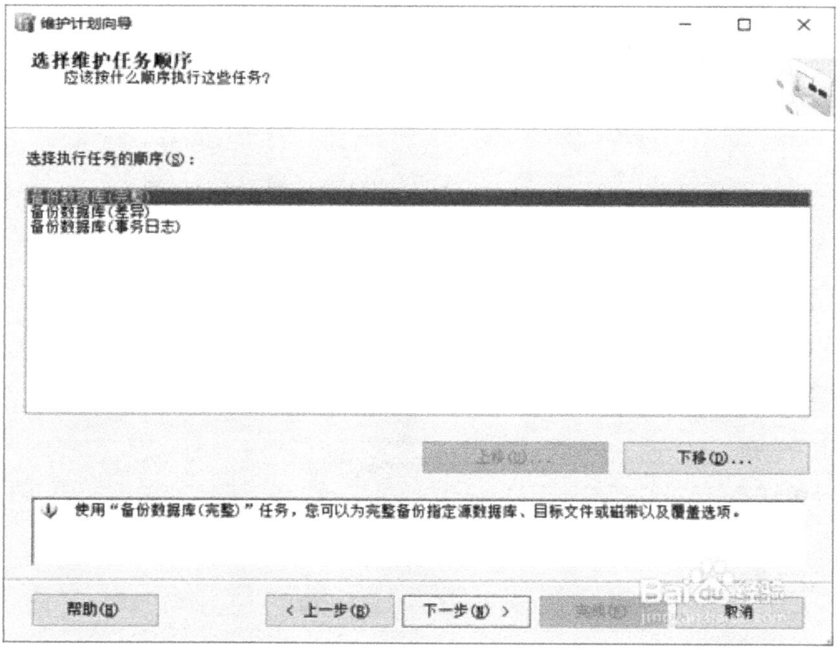

b)

图 5-22　选择维护任务设置

5）选择要备份的数据库，如图 5-23 所示。

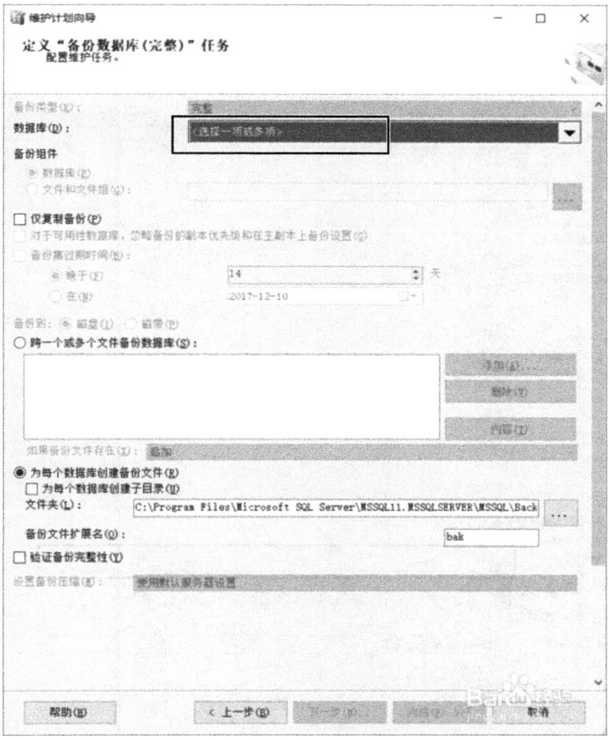

a)

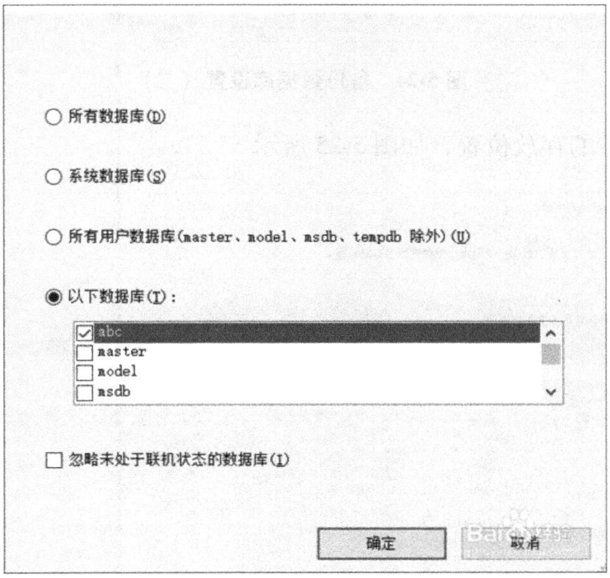

b)

图 5-23　备份数据库设置（一）

6）选择备份文件的存放目录，如图 5-24 所示。

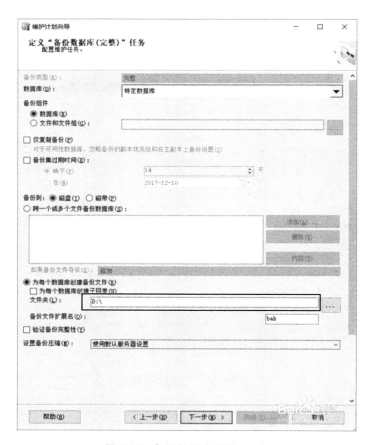

图 5-24　备份数据库设置（二）

7）选择备份报告的存放位置，如图 5-25 所示。

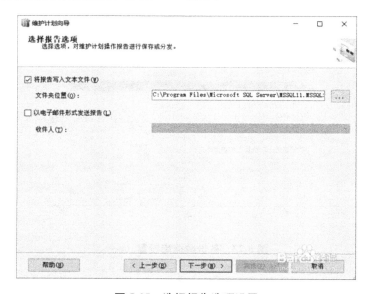

图 5-25　选择报告选项设置

8）完成备份计划设置，如图 5-26 所示。

图 5-26　完成维护计划向导

第 6 章

案例一——电装MES

6.1 概述

某设备生产企业主要产品为测试设备、控制设备等，在生产过程中暴露出部分生产过程管理不规范、信息化支撑能力不足等突出问题，产品质量和生产效率的提高面临巨大压力。如何通过 MES 等信息化能力建设，将资源管理、计划管理、现场监控、质量管理等有机地集成在一起，实现生产过程的精细管理与监控，实现产品可追溯，促进生产管控能力的不断提升，已成为现阶段生产亟待解决的重大课题。

以生产的核心流程为依托，围绕状态、进度、质量、资源、成本等关键要素，以 MES 为核心，实现与 TC（工艺管理）、ERP、多项目等系统的集成，可以全面实现产品设计、工艺、生产、交付等数据共享及全生命周期产品履历管理，构建可控高效的生产过程管理信息化系统；建立产能综合分析工具（覆盖生产设备能力、生产人力资源、电装能力、装配能力、调试能力、检验能力、资财库仓储能力等指标），可以初步形成数据驱动的生产辅助决策能力。

6.2 电装 MES 介绍

6.2.1 整体架构

MES 总体设计分为基础平台层、业务逻辑层、集成层。基础平台层 SIMATIC IT 包括生产建模、业务数据、实时/历史数据、生产工单管理模块（POM）、物料管理模块（MM）、人员管理模块（PRM）、客户应用构建器（CAB）、数据容灾模块等；业务逻辑层包括生产计划管理、生产执行管理、生产现场监控、生产信息追溯、生产质量管理、生产资源管理、数据分析与看板管理、基础数据管理等；集成层即管理与决策系统与 MES 的集成，主要包括 ERP 集成、多项目集成、PLM 集成、统一用户目录集成、BPM 集成等。MES 总体设计图如图 6-1所示。

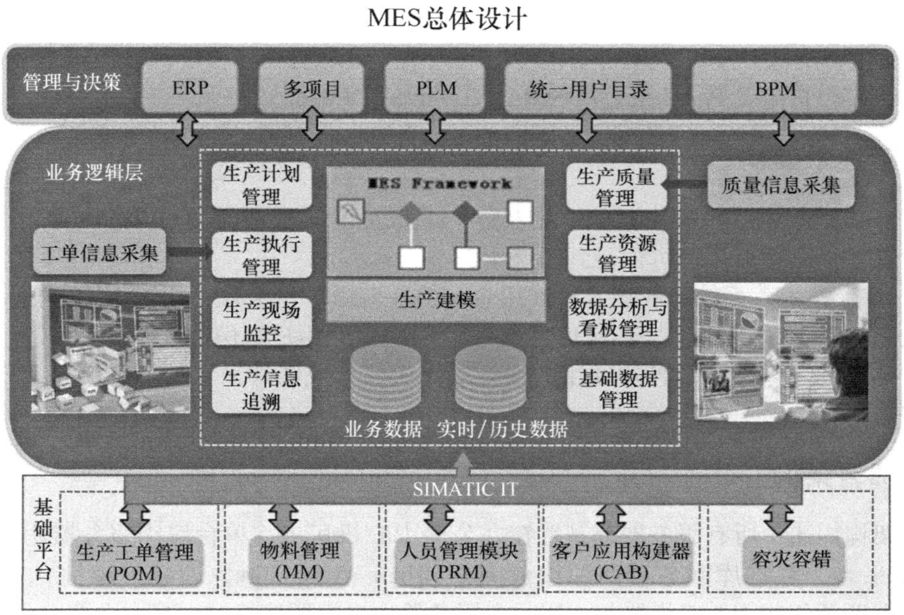

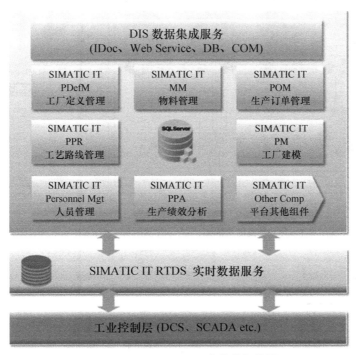

图 6-1　MES 总体设计图

6.2.2　平台技术架构

SIMATIC IT 是西门子公司构建企业执行层生产信息系统的通用平台。SIMATIC IT 平台的软件架构图如图 6-2 所示。

图 6-2　SIMATIC IT 平台软件架构图

MES 中的工厂模型、标准业务功能都是通过 SIMATIC IT 平台实现的，系统在 SIMATIC IT 平台基础上进行二次开发，实现定制化功能及人员、组织机构、权限等管理功能模块，基于 SIMATIC IT 平台自定义 Portal 来替换 SIMATIC 平台的 UI 界面。

6.2.3　新技术架构

（1）二维码技术　系统中料箱、物料编码、成品和半成品都可使用二维码标记；使用扫描枪读取二维码中数据，可记录到系统中。

（2）IC 卡技术　系统集成读卡器使用企业的一卡通身份卡片，用于 MES 的登录、身份验证、数字签名等，MES 通过记录 IC 卡的唯一号映射到用户身份。

（3）摄像头　系统集成使用通用的视频摄像头，集成图片采集功能，用于 MES 中的多媒体照相采集等。

6.2.4　部署架构

硬件架构描述：所有服务器都布置在办公网中心机房内，单台应用服务器用于部署 SI-MATIC IT 平台，数据库服务器两两组成 HA（High Availability，即高可用性）双机热备，Web 服务器两两组成 HA 双机热备，当一台服务器出现问题停机时，另一台服务器能实时接管中断的工作，保证 MES 的正常运行。所有服务器连接一套存储系统，软盘阵列具有热插拔功能，可以灵活组成 RAID 模式，当一块硬盘损坏时，数据仍可以恢复，从而保证数据不丢失。硬件架构图如图 6-3 所示。

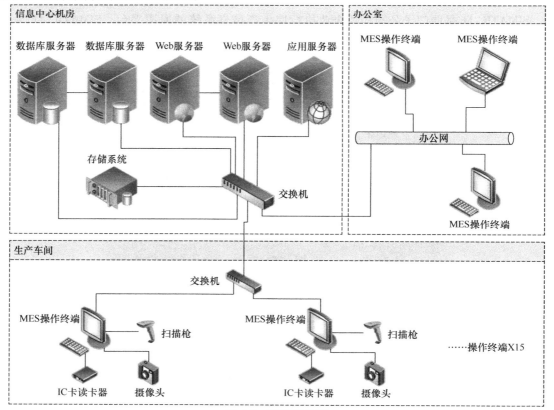

图 6-3　硬件架构图

（1）数据库服务器　该服务器可部署 MES 业务数据库平台，数据库为 SQL Server2012 标准版。

（2）应用服务器　该服务器可部署 SIEMENS SIMATIC IT 平台的工厂建模、车间定义、工序描述、物料 BOM 等功能模块。

（3）Web 服务器　该服务器可部署 MES 的门户、业务处理服务、DIS 数据集成服务等功能模块。

（4）存储系统　存储系统可采用软盘阵列对 MES 业务数据实时存储和备份管理。

（5）交换机　通过交换机可连接车间和办公室 MES 终端电脑。

6.2.5　功能架构

根据初步的用户业务需求调研，制造执行系统（MES）主要应包括生产计划管理、生产资源管理、生产现场监控、生产执行管理、生产信息追溯、数据报表与看板管理、生产质量管理、基础数据管理和系统集成构成。MES 具体功能模块如图 6-4 所示。

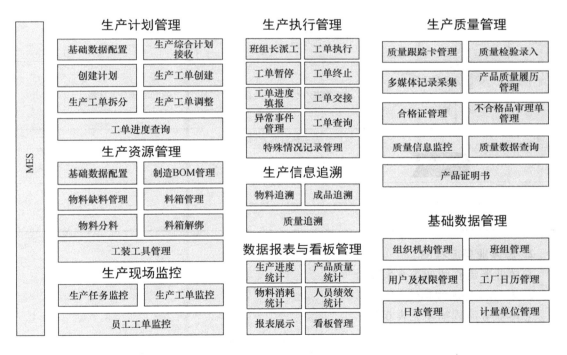

图 6-4　MES 功能图

6.2.6　总体业务流程

1. 业务流程图标说明

本节文件中的流程图是使用 Microsoft Visio 来创建的。总体业务流程图标说明见表 6-1。

表 6-1　总体业务流程图标说明

序　号	图　标	说　明
1	开始	开始符，表示流程的开始
2	结束	结束符，表示流程的结束
3	10 制定生产综合计划	外部系统（多项目、ERP）流程操作，10 代表流程步骤的序号
4	20 ××××	MES 流程操作，20 代表流程步骤的序号
5	30 生产领料	线下流程操作，30 代表流程步骤的序号
6	子流程/转其他流程	子流程或转另一流程
7	手工单据	代表手工单据
8	系统单据	代表系统单据
9	逻辑判断　否　是	逻辑判断/决策点，流程图中"是/否"的判断或分支选择
10	→	流向，表示执行的方向与顺序
11	外部数据	外部数据
12	说明 一个任务可创建多个工单	说明，对关键操作进行说明

2. 总体业务流程图

总体业务流程图如图 6-5 所示。

3. 总体业务流程描述

总体业务流程描述见表 6-2。

表 6-2　总体业务流程描述

序号	处理业务	业务描述
10	多项目下发计划	生产处操作多项目系统，下发生产综合计划、物料齐套计划、工艺准备计划
20	查看：物料齐套计划	车间物资保障组从 MES 查看物料齐套计划，为创建生产工单提前准备相关的生产物料
	查看：工艺准备计划	工艺组从 MES 接查看工艺准备计划，为创建生产工单提前准备工艺文档

（续）

序号	处理业务	业务描述
30	工艺准备	线下工艺组依据齐套计划信息准备生产所需要的配套明细表、质量跟踪卡和工艺文件目录（按照MES提供的Excel模板格式整理）
40	工艺文件导入	工艺组工艺人员将准备好的配套明细表和质量跟踪卡等导入MES中
50	领料信息传递	MES发送的物料需求清单
60	领料信息反馈	SAP物料齐套反馈，如有缺料，则反馈缺料信息
70	查看缺料信息	物资保障组查看缺料信息，生成系统缺料单
80	领料：生产处库房领料	线下物资保障组根据物料齐套计划和配套明细表，到生产处库房领取对应的生产物料
90	分料：扫描料箱与物料二维码绑定	物料保障组人员进入MES，扫描料箱二维码、物料二维码并把两码绑定（按单件产品配套关系分料）
100	创建：工艺路线	工艺人员从导入的工艺文件目录中选择部分创建工艺路线信息，为生产工单创建准备工序基础数据
110	创建：生产综合计划	车间技术助理员创建车间生产综合计划
120	接收：生产综合计划	车间技术助理员从MES接收多项目中状态为已发布的生产综合计划，为创建生产工单准备生产综合计划信息（接收到生产综合计划可随时与车间创建的生产综合计划进行绑定）
130	创建：生产工单	车间技术助理员依据MES接收到的生产综合计划，创建生产工单信息（工单号、项目名称、产品代号、任务名称、计划开始时间、计划结束时间、工单状态、生产班组、责任人、生产数量、单位、图号、配套明细表编号、工艺文件编号、计划代码、工单类型、生产方式等）
140	调度管理：查询生产工单	调度查询创建完成后的工单
150	生产工单拆分	车间调度员选择需要拆分的生产工单进行合理拆分，拆分后的新工单号规则为：在保留原工单号的基础上加下划线和流水号（例如，20170001_001_01）
160	生产工单调整	车间调度员依据目前车间生产情况，调整生产工单（生产班组、计划开工时间等），确定满足生产条件后下达到车间生产班组
170	生产工单确认	车间调度员确认生产工单
180	班组长：派工	班组长接收到属于自己班组的生产工单后，根据目前生产班组的人员生产情况，派工生产工单工序到具体的操作工人
190	配料：料箱与工单绑定	物资保障组人员选择对应生产工单，进行料箱与工单绑定
200	班组工单工序交接	车间班组员工进入班组工单交接界面，浏览属于自己的生产工单，选择当前需要班组工单交接的生产工单，承接人同时在MES中确定承接工单信息（承接人刷卡签章），保证工单信息和实物一致，开始交接，生产工单状态为已交接
210	班组长：派工	车间班组长（物资保障组组长、生产一组组长、生产二组组长、生产三组组长、生产四组组长）单击系统左侧菜单的生产执行管理，在弹开的菜单中选择班组长派工菜单，进入班组长派工菜单后，浏览属于自己班组的责任工单（工单较多的情况下，系统可提供按条件查询工单），依据目前班组的生产情况进行生产工单的派工，派工选择到自己生产班组的操作人员（车间各班组操作人员），MES绑定记录生产工单中工序操作工人信息，完成班组长派工

（续）

序号	处理业务	业务描述
220	物料核实	班组操作者在系统中做生产工单开工前的物料核实，对应生产工单与料箱内物品信息、数量是否一致
230	生产工单开始执行	车间班组员工登录 MES，进入生产工单执行界面，选择目前属于自己操作的生产工单工序，单击执行，MES 记录生产工单执行状态和生产工单工序开始时间
240	生产工单暂停	车间班组员工登录 MES 后，进入工单暂停界面，浏览属于自己的生产工单，选择当前需要暂停的生产工单并开始暂停，MES 记录停止生产工单时间，生产工单状态为暂停
250	班组长确认进度/报工	班组长线下确定工单完成情况后，车间班组员工登录 MES，选择目前属于自己操作的生产工单，单击生产工单进度填报，进入生产工单进度填报界面，填写相关生产工单进度数据（完工数量、完工时间），完成后，MES 记录生产工单进度数据
260	MES 工单结束	工单的末工序结束，同时结束工单
270	更新：实际完成时间、数量	工单完工同时更新 MES 中的计划信息
280	多项目：生产综合计划	工单完工同时回写多项目计划完工情况
290	自检：操作者签章（可选）	车间班组员工登录 MES，进入生产工单自检界面，填写自检信息（自检签字、自检时间），单击保存后 MES 记录到生产工单自检信息（此操作为可选操作）
300	互检：班组长或指定互检人（可选）	车间班组长或指定的互检人员登录 MES，进入生产工单互检界面，填写互检信息（互检签字、互检说明、互检时间），单击保存后 MES 记录到生产工单互检信息（此操作为可选操作）
310	录入：互检情况说明	录入互检质量情况说明
320	专检（可选）	质量检验员登录 MES，进入生产工单专检界面，填写专检信息（专检签字、检测值、实际值、专检时间），单击保存后，MES 记录到生产工单专检信息（此操作为可选操作）
330	录入：多媒体记录采集（可选）	质量检验员在车间现场登录 MES，进入生产工单多媒体采集界面（生产工单提前预设多媒体记录环节），当执行到此环节时，由操作者接收任务并使用 MES 相连的图片采集设备进行多媒体记录（记录图数量可以控制），记录自动录入系统（此操作为可选操作）
340	填报不合格品审理单	在做质量检验的专检/特检，发现不合格品时，质量检验人员需登录 MES，进入不合格品审理单界面，填写相关的不合格品审理单信息，保存并提交到服务端，走不合格品审理流程
350	返工	MES 依据不合格品审理流程处理完成后返工（处理结果为返工的，系统把该工单返工到不合格品工序继续开始生产）
360	特检（可选）	车间班组员工登录 MES，进入生产工单特检界面，填写特检信息（特检签字、特检时间），单击"保存"按钮后 MES 记录生产工单特检信息（此操作为可选操作）
370	发合格证	生产工单完工后，由质量人员确定质量合格，进入 MES 填写后，开具合格证
380	SAP 入库：向 SAP 传递入库信息	MES 向 SAP 传递成品、半成品信息，SAP 进行入库操作

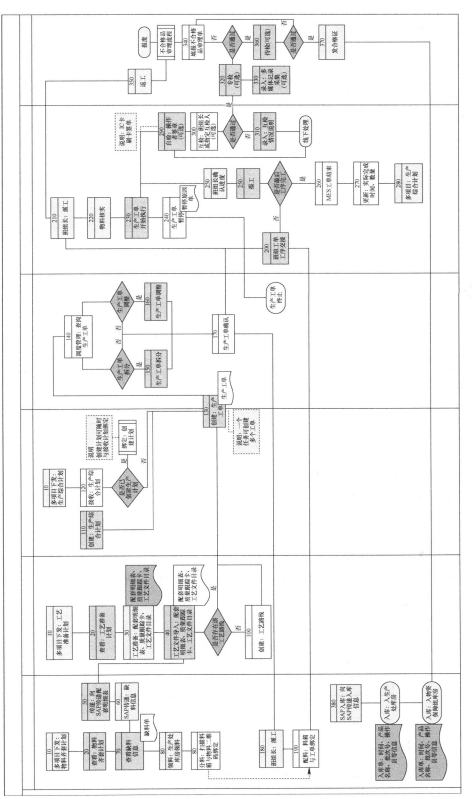

图6-5 总体业务流程图

6.2.7 集成架构

1. 集成技术说明

集成技术采用 SIMATIC IT 平台数据集成服务（DIS），它是基于消息的应用中间件，它采用多种支持不同技术的连接器（注：DIS 有多种支持不同种技术方式的连接器，如数据库连接器、COM 连接器、SAP 连接器等）与应用进行交互，并完成信息的传输、存储、分发。MES 总体集成如下图 6-6 所示：

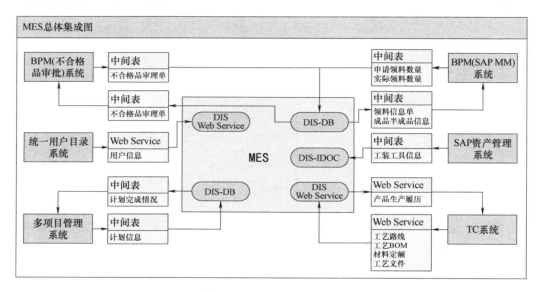

图 6-6　MES 总体集成图

2. MES 与统一用户目录系统集成

（1）需求分析　MES 与统一用户目录系统的集成具体为：统一用户目录系统根据当前需求对用户的新增、更新和删除信息同步到 MES 用户信息管理表中，以保证统一用户信息的管理操作。

（2）技术思路　MES 通过 SIMTIC IT 平台专门接口（初步定义为 DIS 中的 Web Service 的方式）从统一用户目录系统将人员信息读取到 MES，由 MES 做后续处理，如图 6-7 所示。

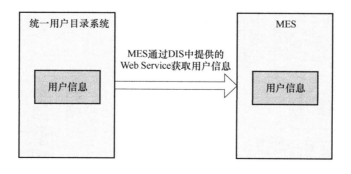

图 6-7　统一用户目录系统与 MES 集成结构图

统一用户目录系统向 MES 传递的字段信息包括人员编码、人员姓名、所属部门、性别、民族、身份证号、联系电话、状态；MES 填写的字段信息包括岗位属性、上岗证编号、IC 卡编号。

（3）接口设计

1）创建账号接口（Create Account），其逻辑关系与字段说明见表 6-3。

表 6-3　创建账号接口逻辑关系与字段说明

字段名	描述	类型	方法名	备　注
Request ID	请求唯一标识	String	Get Request ID	字符串，每次请求唯一
Account Info	账号信息对象	Account Info	Get Account Info	用户数据对象

2）响应返回接口（Account Response），其具体逻辑关系与字段说明见表 6-4。

表 6-4　响应返回接口逻辑关系与字段说明

字段名	描述	类型	方法名	备　注
Request ID	请求唯一标识	String	Get Request ID	字符串，每次响应唯一，与请求时的 ID 保持一致
Return Flag	处理结果标识	boolean	Get Return Flag	true：处理成功 false：处理失败
Return Code	返回结果编号	String	Get Return Code	由应用自行定义； 当 Return Flag 为 true 时，Return Code 为 0； 当 Return Flag 为 false 时，Return Code 为错误编码
Return Message	返回结果信息	String	Get Return Message	由应用自行定义，可放入提示、警告或错误信息描述

（4）删除账号接口（Delete Account）

1）请求输入对象（Account Request）为复杂类型，逻辑关系与字段说明同"创建账号"。

2）注意：仅设置 Account Info 对象的 Account ID 属性，其他属性均为空值。

3）响应返回对象（Account Response）为复杂类型，逻辑关系与字段说明同"创建账号"。

（5）修改账号接口（Modify Account）

1）响应返回请求输入对象（Account Request）为复杂类型，逻辑关系与字段说明同"创建账号"。

2）注意：Account Info 对象在修改时，不会传递所有属性，例如，用户对 cn、mail 属性进行了修改，Account Info 对象仅包含 cn、mail 属性，不包含其他属性，即 Account Info 对象其他属性不进行设置。

3）响应返回对象（Account Response）为复杂类型，逻辑关系与字段说明同"创建账号"。

（6）查询账号接口（Search Accounts）

1）请求输入对象（Account Request）为复杂类型，逻辑关系与字段说明同"创建账号"。

2）注意：Account Info 为 null。

3）查询账号接口逻辑关系与字段说明见表 6-5。

表 6-5　查询账号接口逻辑关系与字段说明

字段名	描述	类型	方法名	备　注
Request ID	请求唯一标识	String	Get Request ID	字符串，每次响应唯一，与请求时的 ID 保持一致
Return Flag	处理结果标识	boolean	Get Return Flag	true：处理成功 false：处理失败
Return Code	返回结果编号	String	Get Return Code	由应用自行定义； 当 Return Flag 为 true 时，Return-Code 为 0； 当 Return Flag 为 false 时，Return-Code 为错误编码
Return Message	返回结果信息	String	Get Return Message	由应用自行定义，可放入提示、警告或错误信息描述
Account Info Size	账号对象个数	int	Get Account Info Size	若未查询到账号，返回 0
Account Info List	账号对象集合	List<Account Info>	Get Account Info List	若未查询到账号，返回 null； 通过 get（index）方法获得单个 Account Info 对象

（7）服务器连接测试接口（Test Connection）

1）请求输入对象（Account Request）为复杂类型，逻辑关系与字段说明同"创建账号"。

2）注意：Account Info 为 null。

3）响应返回对象（Account Response）为复杂类型，逻辑关系与字段说明同"创建账号"。

（8）用户信息数据结构　用户信息数据结构说明见表 6-6。

表 6-6　用户信息数据结构说明

序号	属性名称	是否必填	MES 字段名称	MES 字段类型	MES 字段长度	备注
1	人员编码	是	User_En code	Varchar	10	统一用户目录生成
2	人员姓名	是	User_Name	Nvarchar	10	统一用户目录生成
3	所属部门	是	User_CId	Int	4	统一用户目录生成
4	性别	是	User_Sex	Char	1	统一用户目录生成
5	出生日期	否	User_Birthday	DateTime	20	人员出生日期
6	籍贯	否	User_NativePlace	Nvarchar	100	人员籍贯
7	民族	是	User_Nation	Nvarchar	10	统一用户目录生成
8	文化程度	否	User_EduLevel	Nvarchar	20	人员文化程度
9	身份证号码	是	User_IdCard	Varchar	30	统一用户目录生成

（续）

序号	属性名称	是否必填	MES 字段名称	MES 字段类型	MES 字段长度	备注
10	联系电话	是	User_Telephone	Varchar	20	统一用户目录生成
11	地址	否	User_Address	Nvarchar	50	MES 生成
12	工作经历	否	User_Caree	Nvarchar	255	MES 生成
13	状态 1：在职 状态 2：离职	是	User_State	Char	1	统一用户目录生成
14	岗位属性 1：关键 岗位属性 2：特殊	是	User_PostFlag	Char	1	MES 生成
15	员工照片名称	否	User_FileName	Nvarchar	10	MES 生成
16	照片路径	否	User_DownloadPlace	Varchar	100	MES 生成
17	上岗证编号	是	User_PostCertificatecard	Varchar	30	MES 生成
18	考核日期	否	User_CheckDate	DateTime	20	MES 生成
19	参加工作日期	否	User_WorkStartDate	DateTime	20	MES 生成
20	IC 卡编号	是	User_ZwCard	Varchar	30	MES 生成

3. MES 与多项目管理系统集成

（1）需求分析 MES 从多项目管理系统获取项目生产综合计划，并反馈多项目管理系统生产综合计划的完成情况。

1）MES 能获取多项目管理系统的生产综合计划。

2）MES 反馈计划完成信息到多项目系统。

3）MES 生产综合计划整体完成情况（页面链接）能关联多项目管理计划，并支持对页面链接与计划的关联关系进行修改、删除。

4）删除 MES 与多项目管理系统关联数据时，需关联删除所有缓存表的关联关系，并传递给中间表。

5）多项目管理系统能单点登录到 MES，并查看 MES 中的页面链接。

6）关联多项目管理计划项时，需记录日志。

（2）技术思路本集成采用图 6-8 所示的集成结构。

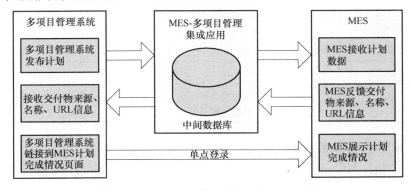

图 6-8 MES 与多项目管理系统集成结构图

（3）接口设计　　多项目管理系统与 MES 之间集成的数据包括项目计划信息，具体数据接口内容如下。

1）项目计划中间表见表 6-7。

表 6-7　项目计划中间表

序号	属性名称	是否必填	备注	字段名称	类型及长度
1	主键	是		ID	Int
2	代码（编码）	是	计划代码	Proj_Code	Varchar（100）
3	名称（描述）	是		Proj_Name	Nvarchar（200）
4	类型	是	包括：群、项目、WBS、TASK	Type	Nvarchar（100）
5	开始时间	是		Plan_Start_Date	DateTime
6	结束时间	是		Plan_End_Date	DateTime
7	责任人	是		User_Name	Nvarchar（20）
8	责任部门	是		Dept_Name	Nvarchar（20）
9	工作量	是		Work_Qty	Int
10	完成形式	是		CompleteForm	Nvarchar（20）
11	评审任务	是	计划种类	Appr_Task	Nvarchar（10）
12	责任令	是	计划种类	Plan_Resp	Nvarchar（100）
13	临时计划	是	计划种类	Plan_Tmp	Nvarchar（100）
14	父 ID	是		Parent_ID	Int
15	排序	否		Order_By	Int

2）交付物子表见表 6-8。

表 6-8　交付物子表

序号	属性名称	是否必填	备注	字段名称	类型及长度
1	计划标识	是	计划代码（编码）	Proj_Code	Varchar（100）
2	交付物标识	是		Word_ID	Nvarchar（100）
3	交付物名称	是		Word_Name	Nvarchar（100）
4	链接地址	是	URL	File_URL	Varchar（255）
5	审批状态	是		Word_Status	Nvarchar（20）
6	来源	是	交付物及审批状态来源系统	Source	Nvarchar（50）

4. MES 与 SAP MM 系统集成

（1）需求分析　　MES 从 SAP MM 中接收物料主数据用于 SIMATIC IT 平台创建工艺路线、生成工单，并接收领料信息、计算缺料信息以开展生产过程管理，在执行过程中 MES 将生成的成品、半成品信息也反馈给 SAP MM，用于成品、半成品入库申请信息的填写。

1）MES 接收 SAP 传递的物料主数据，西门子 SIMATIC IT 平台选择物料信息创建工艺路线，最终根据工艺路线完成对工单的创建。

2）MES 在生产前基于工艺 BOM 生成领料信息单，由工艺人员确认后，将领料信息单传递给 BPM 系统，作为获取领料信息的依据。

3）BPM 系统接收 MES 传递的领料信息单，向 SAP 发起领用申请。

4）SAP 系统接收 BPM 发送的领用申请，进行领料出库操作，生成实际出库信息。

5）BPM 系统接收 SAP 传递的实际出库信息、领用申请信息，并同步到 MES。

6）MES 接收领料信息、计算缺料，生产人员根据缺料信息进行生产过程的管理。

7）MES 将生产执行过程中检验合格的成品、半成品信息传递给 BPM 系统，作为 SAP 成品、半成品入库信息的数据来源。SAP 进行入库申请信息的填写，完成入库操作。

（2）技术思路 本集成采用图 6-9 所示的集成结构。

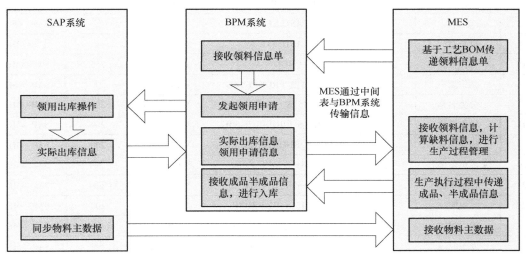

图 6-9　MES 与 SAP MM 集成结构图

MES 向 BPM 系统传递领料信息单时的字段信息包括：物料名称、物料编码、申请领用数量、计量单位、申请时间、领料单位、领料人、用途、产品批次、行号。

BPM 系统向 MES 反馈领料信息时的字段信息包括：实际领用数量、处理状态。

MES 向 BPM 系统传递成品、半成品时的字段信息包括：产品编码、产品名称、产品代号、产品类别、计量单位、产品批次、所属型号、WBS 编号、WBS 名称、计划编号、计划名称。

（3）接口设计 物料主数据中间表见表 6-9。

表 6-9　物料主数据中间表

序号	属性名称	是否必填	MES 字段名称	MES 字段类型	MES 字段长度	备注
1	主键	是	ID	VARCHAR	32	SAP→MES
2	数据 ID	否	DATAID	VARCHAR	32	SAP→MES
3	状态	是	STATUS_V	VARCHAR	1	SAP→MES

（续）

序号	属性名称	是否必填	MES 字段名称	MES 字段类型	MES 字段长度	备注
4	版本	是	VERSION_V	VARCHAR	50	SAP→MES
5	版本时间	否	VERDATE_V	TIMESTAMP	6	SAP→MES
6	版本描述	否	VERDESC_V	VARCHAR	200	SAP→MES
7	是否密封	否	ISSEAL_V	VARCHAR	1	SAP→MES
8	密封人	否	SEALUSER_V	VARCHAR	32	SAP→MES
9	密封时间	否	SEALDATE_V	DATE	4	SAP→MES
10	数据来源	否	DATAORIGIN_V	VARCHAR	50	SAP→MES
11	创建人	否	CREATEUSER_V	VARCHAR	32	SAP→MES
12	创建时间	否	CREATEDATE_V	DATE	4	SAP→MES
13	更新人	否	LASTUSER_V	VARCHAR	32	SAP→MES
14	更新时间	否	LASTDATE_V	DATE	4	SAP→MES
15	备注信息	否	ORGIDS_V	VARCHAR	255	SAP→MES
16	物资编码	是	MAMS_S_PRODUCTNO	VARCHAR	14	SAP→MES
17	分类名称	是	MAMS_S_SORTNAME	VARCHAR	200	SAP→MES
18	物资名称	是	MAMS_S_PRODUCTNAME	VARCHAR	200	SAP→MES
19	物资简称	是	MAMS_S_SHORTENEDNAME	VARCHAR	200	SAP→MES
20	来源单位编号	否	MAMS_S_ORGCODE	VARCHAR	20	SAP→MES
21	计量单位	是	MAMS_S_UNIT	VARCHAR	20	SAP→MES
22	说明	否	MAMS_S_DESCRIBE	VARCHAR	200	SAP→MES
23	编码描述	否	MAMS_S_PURCHASE	VARCHAR	200	SAP→MES
24	发布时间	否	MAMS_S_ISSUETIME	VARCHAR	200	SAP→MES
25	备注	否	MAMS_S_NOTE	VARCHAR	200	SAP→MES
26	封装形式/外形尺寸	否	MAMS_S_ENCAPSULATION	VARCHAR	300	SAP→MES
27	型号	是	MAMS_S_TYPE	VARCHAR	300	SAP→MES
28	生产国家/地区	否	MAMS_S_SUPPLIERCOUNTRYORAREA	VARCHAR	300	SAP→MES
29	质量等级	否	MAMS_S_QULITY	VARCHAR	300	SAP→MES
30	采用标准	否	MAMS_S_STANDARD	VARCHAR	300	SAP→MES
31	标称阻值	否	MAMS_S_RESISTANCE	VARCHAR	300	SAP→MES
32	温度特性	否	MAMS_S_TEMPERATURE	VARCHAR	300	SAP→MES
33	产品类型	否	MAMS_S_FORM	VARCHAR	300	SAP→MES
34	产品等级	否	MAMS_S_GRADE	VARCHAR	300	SAP→MES
35	扳拧类型	否	MAMS_S_SGYRATION	VARCHAR	300	SAP→MES
36	型号规格	是	MAMS_S_SPECTYPE	VARCHAR	300	SAP→MES

（续）

序号	属性名称	是否必填	MES 字段名称	MES 字段类型	MES 字段长度	备注
37	牌号（型号、材质）	是	MAMS_S_TM	VARCHAR	300	SAP→MES
38	规格	是	MAMS_S_SPECS	VARCHAR	300	SAP→MES
39	表面处理	否	MAMS_S_EXTERNALDISPOSAL	VARCHAR	300	SAP→MES
40	导体结构	否	MAMS_S_STRUCTURE	VARCHAR	300	SAP→MES
41	颜色	否	MAMS_S_COLOR	VARCHAR	300	SAP→MES
42	生产厂家名称	是	MAMS_S_SUPPLIERNAME	VARCHAR	300	SAP→MES
43	精度	否	MAMS_S_PRECISION	VARCHAR	300	SAP→MES
44	交货状态	是	MAMS_S_CONSIGNATION	VARCHAR	300	SAP→MES
45	外形尺寸	否	MAMS_S_SIZE	VARCHAR	300	SAP→MES
46	电参数	否	MAMS_S_ELECTRICAL PARAMETER	VARCHAR	300	SAP→MES
47	额定功率	否	MAMS_S_RATEDPOWER	VARCHAR	300	SAP→MES
48	性能等级	否	MAMS_S_PERFORMA NCEGRADE	VARCHAR	300	SAP→MES
49	材质	否	MAMS_S_MATERIAL	VARCHAR	300	SAP→MES
50	生产厂家代号	否	MAMS_S_SUPPLIERCODE	VARCHAR	300	SAP→MES
51	标称容量	否	MAMS_S_RATEDCAPACITY	VARCHAR	300	SAP→MES
52	其他技术条件	否	MAMS_S_TECHNICALPARM	VARCHAR	300	SAP→MES
53	额定电压	否	MAMS_S_RATEDVOLTAGE	VARCHAR	300	SAP→MES
54	质量保证等级	否	MAMS_S_ASSUREQULITY	VARCHAR	300	SAP→MES
55	生产公司	否	MAMS_S_COMPANY	VARCHAR	300	SAP→MES
56	状态位标识	否	OPERATINGSTATE	VARCHAR	1	SAP→MES
57	操作时间	否	TRANSMINSSIONTIME	DATE	4	SAP→MES
58	属性组名称	否	MAMS_S_PROPERTYNAME	VARCHAR	300	SAP→MES
59	牌号（型号、等级、材质）	是	MAMS_S_TM4	VARCHAR	300	SAP→MES
60	其他特殊要求	否	MAMS_S_REQUIREMENT	VARCHAR	300	SAP→MES
61	属性值 id	是	MAMS_S_PROPERTYGROUPID	VARCHAR	300	SAP→MES
62	品种系列	是	MAMS_S_CATEGORY	VARCHAR	300	SAP→MES
63	牌号（型号、材质）	是	MAMS_S_TM2	VARCHAR	300	SAP→MES
64	牌号（型号、纯度、等级）	是	MAMS_S_TM3	VARCHAR	300	SAP→MES
65	牌号（型号、纯度、等级、材质）	是	MAMS_S_TM5	VARCHAR	300	SAP→MES

（续）

序号	属性名称	是否必填	MES 字段名称	MES 字段类型	MES 字段长度	备注
66	部类	是	MAMS_S_F1	VARCHAR	1	SAP→MES
67	大类	是	MAMS_S_F2	VARCHAR	2	SAP→MES
68	中类	是	MAMS_S_F3	VARCHAR	8	SAP→MES
69	小类	是	MAMS_S_F4	VARCHAR	8	SAP→MES
70	细类	是	MAMS_S_F5	VARCHAR	8	SAP→MES
71	管理分类 ID	是	MAMS_S_MANAGERSID	VARCHAR	2	SAP→MES
72	编号	是	MAMS_S_CODE	VARCHAR	300	SAP→MES
73	来源	是	MAMS_S_SOURCE	VARCHAR	300	SAP→MES
74	图号	是	MAMS_S_PICTURENUM	VARCHAR	300	SAP→MES
75	责任单位	是	MAMS_S_DUTYUNIT	VARCHAR	300	SAP→MES
76	层次结构	是	MAMS_S_GRADATIONSTRUCTURE	VARCHAR	300	SAP→MES
77	关重件标识	是	MAMS_S_ATTENTION	VARCHAR	300	SAP→MES
78	技术标准	否	MAMS_S_TECHNIQUE STANDARD	VARCHAR	300	SAP→MES
79	阶段标记	否	MAMS_S_PHASETAB	VARCHAR	300	SAP→MES
80	产品类型	是	MAMS_S_PRODUCTTYPE	VARCHAR	300	SAP→MES
81	详细规范	否	MAMS_S_PARTICULAR CRITERION	VARCHAR	300	SAP→MES
82	型号代号	是	MAMS_S_MODELCODE	VARCHAR	300	SAP→MES
83	型号规格	是	MAMS_S_MODELSTANDARD	VARCHAR	300	SAP→MES
84	编码状态	是	MAMS_S_CODESTATE	VARCHAR	10	SAP→MES

（4）领料信息中间表　领料信息中间表见表 6-10。

表 6-10　领料信息中间表

序号	属性名称	是否必填	MES 字段名称	MES 字段类型	MES 字段长度	备注
1	主键	是	ID	Int	4	
2	物料名称	是	Material_Name	Nvarchar	100	MES→BPM
3	物料编码	是	Material_Code	Varchar	50	MES→BPM
4	申请领用数量	是	RequestMaterial_Num	Int	4	MES→BPM
5	计量单位	是	UOM	Nvarchar	100	MES→BPM
6	申请时间	是	Date	DataTime	8	MES→BPM
7	行号	是	Row_No	Int	4	MES→BPM
8	领料单位	是	RequestMaterial_Company	Nvarchar	100	MES→BPM
9	领料人	是	RequestMaterial_Man	Nvarchar	50	MES→BPM
10	用途	是	Application	Nvarchar	200	MES→BPM

（续）

序号	属性名称	是否必填	MES 字段名称	MES 字段类型	MES 字段长度	备注
11	产品批次	是	Product_Lot	Varchar	50	MES→BPM
12	实际领用数量	是	ActualMaterial_Num	Int	4	BPM→MES
13	处理状态	是	Status	Nvarhcar	20	BPM→MES

（5）成品、半成品信息中间表　成品、半成品信息中间表见表6-11。

表6-11　成品、半成品信息中间表

序号	属性名称	是否必填	MES 字段名称	MES 字段类型	MES 字段长度	备注
1	主键	是	ID	Int	4	
2	产品编码	是	Product_Code	Varchar	50	MES→BPM
3	产品名称	是	Product_Name	Nvarchar	100	MES→BPM
4	产品代号	是	Product_NickName	Varchar	100	MES→BPM
5	产品类别	是	Product_Class	Nvarchar	20	MES→BPM
6	计量单位		UOM	Nvarchar	20	MES→BPM
7	产品批次	是	Product_Lot	Varchar	20	MES→BPM
8	所属型号	是	Product_Model	Nvarchar	20	MES→BPM
9	WBS 编号	是	WBS_Code	Varchar	50	MES→BPM
11	WBS 名称	是	WBS_Name	Nvarchar	200	MES→BPM
12	计划编号	是	Proj_Code	Varchar	100	MES→BPM
13	计划名称	是	Proj_Name	Nvarchar	200	MES→BPM

5. MES 与 BPM（不合格品审批）系统集成

（1）需求分析

1）MES 生成不合格品审理单及相关生产数据（产品名称、产品代号、所属型号、产品编码、总数量、不合格品数量、责任人、责任单位、产品类型、所在工序），并将不合格品审理单传递给 BPM 系统。

2）BPM 系统接收 MES 传递的不合格品审理单，进行审批流程，流程结束后 BPM 系统将不合格品审理单反馈给 MES。

3）MES 接收 BPM 系统反馈的不合格品审理单，进行界面展示。

（2）技术思路　本集成采用图 6-10 所示的集成结构。

该结构采用中间数据库的集成方式。中间数据库存储不合格品审理单数据，供 BPM 系统与 MES 使用。MES 通过 SIMTIC IT 平台的 DIS 接口直接从中间数据库中提取不合格品信息。在数据关联过程中，集成应用的中间数据库只存储不合格品审理单数据的引用。

MES 向 BPM 系统传递的字段信息包括：产品名称、产品代号、所属型号、产品编码、产品编号、总数量、不合格品数量、责任人、责任单位、产品类型、所在工序、不合格品情况描述、检验员、检验员填写日期。

BPM 系统向 MES 反馈的字段信息包括：原因分析、主管技术人员、主管技术人员填写日期、责任单位领导意见、责任单位领导、责任单位领导填写日期、常务审理员审理意见、

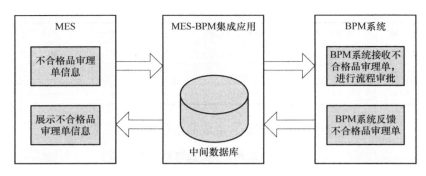

图 6-10　MES 与 BPM 系统集成结构图

常务审理员、常务审理员填写日期、不合格品审理委员会审理意见、不合格品审理委员会、不合格品审理委员会填写日期、验收代表意见、验收代表、验收代表填写日期、返工返修及退回供方的结果验证、返工返修检验员、返工返修检验员填写日期。

（3）接口设计　不合格品审理单信息中间表见表 6-12。

表 6-12　不合格品审理单信息中间表

序号	字段名称	描述	是否必填	类型及长度	备注
1	ID	主键	是	Int	MES→BPM
2	ProductName	产品名称	是	Nvarchar（50）	MES→BPM
3	ProductNickName	产品代号	是	Varchar（50）	MES→BPM
4	ProductModel	所属型号	是	Varchar（50）	MES→BPM
5	ProductCode	产品编码	是	Varchar（50）	MES→BPM
6	ProductNum	产品编号	是	Varchar（50）	MES→BPM
7	Responsible	责任人	是	Nvarchar（10）	MES→BPM
8	ResponsibleUnit	责任单位	是	Nvarchar（20）	MES→BPM
9	ProductCategory	产品类别	是	Nvarchar（10）	MES→BPM
10	Process	所在工序	是	Nvarchar（50）	MES→BPM
11	UnqualifiedDesc	不合格品情况描述	是	Nvarchar（255）	MES→BPM
12	Inspectors	检验员	是	Nvarchar（20）	MES→BPM
13	InspectorsDate	检验员填写日期	是	Date（8）	MES→BPM
14	Reason	原因分析	是	Nvarchar（255）	BPM→MES
15	TechnicalStaff	主管技术人员	是	Nvarchar（20）	BPM→MES
16	TechnicalStaffDate	主管技术人员填写日期	是	Date（8）	BPM→MES
17	ResponsibleUnitLeaderView	责任单位领导意见	是	Nvarchar（255）	BPM→MES
18	ResponsibleUnitLeader	责任单位领导	是	Nvarchar（20）	BPM→MES
19	ResponsibleUnitLeaderDate	责任单位领导填写日期	是	Date（8）	BPM→MES
20	StandingCommitteeView	常务审理员审理意见	是	Nvarchar（255）	BPM→MES
21	StandingCommittee	常务审理员	是	Nvarchar（20）	BPM→MES
22	StandingCommitteeDate	常务审理员填写日期	是	Date（8）	BPM→MES
23	UnqualifiedCommitteeView	不合格品审理委员会审理意见	否	Nvarchar（255）	BPM→MES

（续）

序号	字段名称	描述	是否必填	类型及长度	备注
24	UnqualifiedCommittee	不合格品审理委员会	否	Nvarchar（20）	BPM→MES
25	UnqualifiedCommitteeDate	不合格品审理委员会填写日期	否	Date（8）	BPM→MES
26	AcceptanceView	验收代表意见	否	Nvarchar（255）	BPM→MES
27	Acceptance	验收代表	否	Nvarchar（20）	BPM→MES
28	AcceptanceDate	验收代表填写日期	否	Date（8）	BPM→MES
29	ReworkView	返工返修及退回供方的结果验证	是	Nvarchar（255）	BPM→MES
30	Rework	返工返修检验员	是	Nvarchar（20）	BPM→MES
31	ReworkDate	返工返修检验员填写日期	是	Date（8）	BPM→MES

6. MES 与 SAP（资产管理）系统集成

（1）需求分析　MES 从 SAP 资产管理中获取设备信息，以供在车间生产管理过程中查询设备信息。

（2）技术思路　本集成采用图 6-11 所示的集成结构。

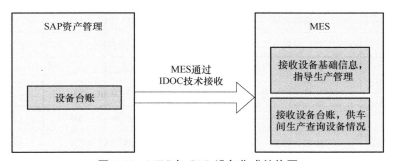

图 6-11　MES 与 SAP 设备集成结构图

SAP 资产管理与 MES 间的接口采用 IDOC 技术来实现。SAP 资产管理向 MES 传递工装工具信息，用于车间查询操作。

图 6-12 描述了 SAP 资产管理与 MES 进行通信的方式。

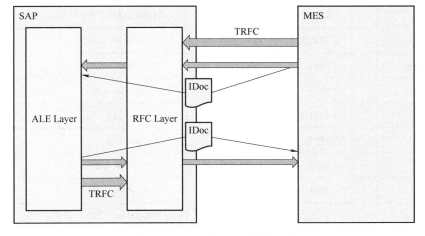

图 6-12　MES 与 SAP 通信方式

对 MES 与 SAP 通信方式的描述如下。

1）上载：①MES 触发上载流程；②MES 创建 IDOC/tRFC 调用，传送 SAP 要求的数据结构。

2）下载：①SAP 触发下载流程；②MES 获得 IDOC，然后把它分发给 MES 中的不同组件。

（3）接口设计　接口设计说明见表 6-13。

表 6-13　接口设计说明

MES_Tools		SFTDMesDB（自定义库）		
字段（英）	字段（中）	是否必填	类型长度	描述
ToolsID	工装工具编号	是	VARCHAR（20）	
Tools_Name	工装工具名称	是	VARCHAR（20）	
Factory	生产厂家	是	VARCHAR（50）	
FactoryID	厂家编号	是	VARCHAR（20）	
Factory_Phone	厂家联系电话	否	VARCHAR（20）	
ManufactureDate	出厂日期	是	DATETIME（8）	
EnableDate	启用日期	是	DATETIME（8）	
Tools_Num	工装工具出厂编号	否	VARCHAR（20）	
Tools_Class	工装工具类型	是	VARCHAR（20）	工装类/工具类
Tools_Type	工装工具种类	是	VARCHAR（20）	三类五金/……
Create_Date	创建日期	否	DATETIME（8）	
UpdateDate	更新时间	否	DATETIME（8）	
Create_Person	创建人	否	VARCHAR（20）	
AccountabilityUnit	责任单位	是	NVARCHAR（20）	
Personliable	责任人	是	NVARCHAR（20）	
StorageLocation	存放地点	是	NVARCHAR（50）	
Tools_Keeper	保管人	是	VARCHAR（20）	
Tools_Status	状态	是	VARCHAR（20）	占用/空闲
Tools_Used	占用数量	是	Int（4）	
Tools_Init	总数量	是	Int（4）	
Model	型号	是	VARCHAR（20）	
Tools_Spec	规格	是	VARCHAR（20）	
Remark	备注	否	VARCHAR（50）	

7. MES 与 TC 系统集成

（1）需求分析 MES 与 TC 系统的集成结构如图 6-13 所示，具体需求如下。

1）MES 从工艺管理系统（TC 系统）获取工艺路线、材料定额、工艺 BOM、工艺文件等信息，在 MES 中开展生产物料跟踪、生产检验、工艺数据应用等工作。

2）MES 生成的产品生产履历，以链接地址方式反馈给 TC 系统，丰富产品数据管理信息。

（2）技术思路 西门子 Team Center 与西门子 SIMATIC IT 平台同属于西门子 MOM 智能制造生态圈的产品，有着无缝集成的能力，具有以下功能。

1）支持多种格式，包括文本、静态、局部、结构化数据包。

2）高同步性，通过内部数据通道进行无缝集成。

3）能互调底层函数实现数据传输。

4）生产指导文件、三维数字模型等数据格式完全匹配，无差别传输。

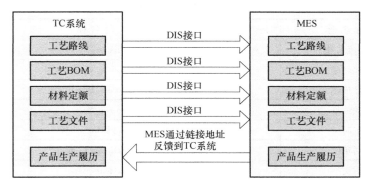

图 6-13 MES 与 TC 系统集成结构图

（3）接口设计

1）过程清单信息见表 6-14。

表 6-14 过程清单信息

序号	属性名称	是否必填	备注	字段名称	类型及长度
1	BOP 流水号	是		BOP_ID	Int
2	BOP 名称	是		BOP_Name	Nvarchar（20）
3	BOP 版本	是		BOP_Version	Nvarchar（10）
4	工厂流水号	是		BOP_PlantNum	Nvarchar（20）
5	工厂名称	是		BOP_PlantName	Nvarchar（20）
6	工厂版本	是		Plant_Version	Nvarchar（10）
7	BOP 的所有者	是		TC_ReleasedBy	Nvarchar（10）
8	BOP 在 TC 中的发布时间	是		TC_ReleasedOn	DateTime
9	物料在 TC 中的流水号	是		Final Material DefinitionID	Int
10	物料编码	是		Final Material ID	Int
11	物料名称	是		Final Material Name	Nvarchar（100）
12	物料版本	是		Final Material Version	Nvarchar（10）

2）工艺字段说明见表 6-15。

表 6-15　工艺字段说明

序号	属 性 名 称	是否必填	备注	字 段 名 称	类型及长度
1	工艺流水号	是		Technique_ID	Int
2	工艺名称	是		Technique_Name	Nvarchar（20）
3	工艺描述	是		PTechniquerocess_Desc	Nvarchar（10）
4	查找编号	是		Technique_Num	Int
5	工艺阶段	是		Technique_Phase	Nvarchar（20）
6	工作中心编号	是		WorkCenter_Num	Nvarchar（10）

3）工序字段说明见表 6-16。

表 6-16　工序字段说明

序号	属 性 名 称	是否必填	备注	字 段 名 称	类型及长度
1	工序流水号	是		Process_ID	Int
2	工序名称	是		Process_Name	Nvarchar（20）
3	工序描述	是		Process_Desc	Nvarchar（10）
4	查找编号	是		Process_Num	Int
5	工时	是		WorkHours	Float
6	工时单位	是		WorkHours_Units	Nvarchar（10）
7	工时类型	是		WorkHours_Type	Nvarchar（10）
8	EWI 地址	是		EWI_Address	Nvarchar（50）
9	工序编码	是		Process_Code	Varchar（30）

4）工艺参数字段说明见表 6-17。

表 6-17　工艺参数字段说明

序号	属 性 名 称	是否必填	备注	字 段 名 称	类型及长度
1	参数名称	是		Param_Name	Nvarchar（50）
2	查找编号	是		Param_Num	Int
3	参数描述	是		Param_Desc	Nvarchar（255）
4	参数最大值	是		Param_Max	Float
5	参数最小值	是		Param_Min	Float
6	参考值 X1	是		Param_X1	Float
7	参考值 Y1	是		Param_Y1	Float
8	参考值 X2	是		Param_X2	Float
9	参考值 Y2	是		Param_Y2	Float
10	参考值 X3	是		Param_X3	Float
11	参考值 Y3	是		Param_Y3	Float

6.2.8　功能介绍

1. 生产计划管理

（1）用户需求模块功能对照　用户需求模块功能对照见表6-18。

表 6-18　用户需求模块功能对照表

编　号	系 统 功 能	业 务 需 求
1-1	生产综合计划接收	接收多项目系统中制定的生产综合计划
1-2	车间创建计划	
1-3	工艺数据导入	作业级工单制定
1-4	生产工单创建	
1-5	生产工单拆分	车间级生产计划调整
1-6	生产工单调整	
1-7	工单进度查询	车间级生产计划考核

（2）生产计划业务流程图　业务流程图如图6-14所示。

（3）生产计划业务流程描述　业务流程描述见表6-19。

表 6-19　生产计划业务流程描述

序号	处 理 业 务	业 务 描 述
10	多项目系统下发	多项目系统下发物料齐套计划、工艺准备计划、生产综合计划，三种计划的任务名称不同
20	查看：工艺准备计划	工艺组人员查看工艺准备计划
30	工艺准备	工艺组人员线下准备配套明细表、质量跟踪卡、工艺文件目录
40	工艺文件导入	工艺组人员将配套明细表、质量跟踪卡、工艺文件目录导入 MES
50	创建：创建工艺路线	若系统中没有某产品的工艺路线，则由工艺组提取工艺文件目录中的信息，勾选工序，选择执行顺序，创建工艺路线。创建后 MES 保存该工艺路线，作为系统主数据供后续业务的使用
60	查看：物料齐套计划	物资保障组人员领料前查看物料齐套计划，了解物料齐套状态
70	接收：生产综合计划	技术助理接收生产综合计划。技术助理接收到生产综合计划后，系统判断是否存在创建的对应计划，若存在，则由技术助理员进行绑定（接收到生产综合计划可随时与车间创建的生产综合计划进行绑定）
80	创建：生产综合计划	若多项目系统未下发计划，则车间技术助理员可以自行创建生产综合计划，并提前创建工单进行生产
90	创建：生产工单	技术助理/调度选择生产综合计划，生成生产工单。一条生产综合计划可以生成一个或多个工单
100	调度管理：查询生产工单	调度查询已创建的生产工单
110	生产工单拆分	如果工单的生产数量较多，调度可以将一个生产工单拆分成多个生产数量不同的工单
120	生产工单调整	调度对生产工单的生产班组、时间等信息进行调整
130	生产工单确认	调度对生产工单进行确认

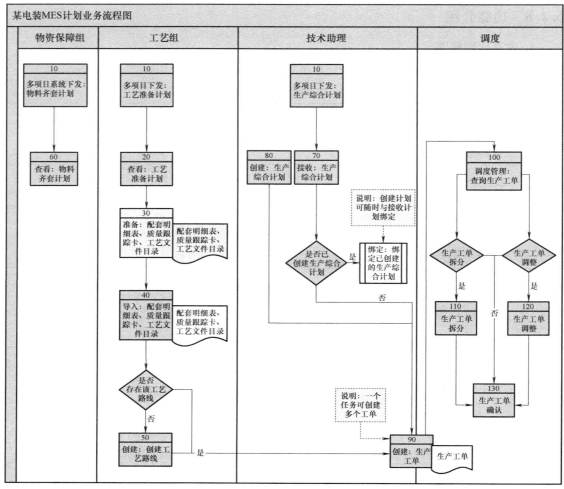

图 6-14　生产计划业务流程图

（4）基础数据配置

1）工单配置包括以下三个部分。

① 工单命名规则。MES 工单编码规则：日期（四位）+流水号（四位），如 20170001。

② 工单生命周期。数据库存储描述对照见表 6-20。

表 6-20　数据库存储描述对照

MES-工单状态	描　　述	值
调度已下达	调度将工单下达到班组长	Dispatch
班组长已派工	班组长将工单中的工序指派到生产人	SquadsSchedule
运行	工单执行开始	Running
暂停	工单执行暂停	Suspend
完成	产成品合格后	Finish
终止	工单由于某种原因终止执行后	Terminate

③ 工单属性。POM-Fields 和 Custom-Fields 的说明分别见表6-21 和表6-22。

表 6-21　POM-Fields 说明

属 性	属性名称	数值类型	描 述
Entry_ID	生产工单号	VARCHAR（20）	
Material_ID	产出物料 ID	VARCHAR（20）	电柜类型
Entry_Family_ID	工单 Family	Int（4）	
Entry_Type_ID	工单类型	Int（4）	
Entry_Status	工单状态	Int（4）	
UOM	物料单位	Int（4）	
Order_Estimated_Start_Time	计划开始时间	DATETIME（8）	
Order_Estimated_End_Time	计划结束时间	DATETIME（8）	
Actual_Start_Time	实际开始时间	DATETIME（8）	
Actual_End_Time	实际结束时间	DATETIME（8）	

表 6-22　Custom-Fields 说明

属 性	属性名称	数值类型	描 述
Dispatch_by	下发人	Int（4）	客户化字段
Dispatch_Time	下发时间	DATETIME（8）	客户化字段
Work_Unit	生产工位	VARCHAR（20）	客户化字段
Work_Group	生产班组	Int（4）	客户化字段
Suspend	暂停原因	VARCHAR（20）	客户化字段

2）产品生产规则，包括以下内容。

① 产品类型，具体见表6-23。

表 6-23　产品类型

名 称	类 型
产品	电缆类
	印制板类
	箱体类
	综控机类

② 生产模型（模板 PPR）框架，具体见表6-24。

表 6-24　PPR 基本信息

属 性	参 数	描 述
PPR 基本属性	PPR_ESID	PPR 编号
	PPR_Name	PPR 名称
	PPR_Des	PPR 描述
	PPR_FinalMaterialBOMId	PPR 产出物料

（续）

属　　性	参　　数	描　　述
PPR 基本属性	PPR_PlantName	PPR 工厂名称
	PPR_PlantVersion	PPR 工厂版本
	PPR_Version	PPR 版本号
	PPR_VersionLabel	PPR 版本
	PPR_LifeCycle	PPR 生命周期
	PPR_LifeCycleVersion	PPR 生命周期版本
	PPR_EffectiveFromUTC	有效期到
	PPR_EffectiveUntilUTC	有效期到
	PPR_Valid	PPR 有效
	PPR_CreatedBy	PPR 创建人
	PPR_CreatedUTC	PPR 生成时间

（5）生产综合计划接收

1）流程及描述。

① 生产综合计划接收流程图如图 6-15 所示。

② 生产综合计划接收流程描述见表 6-25。

表 6-25　生产综合计划接收流程描述

编号		1-1	名称	生产综合计划接收
描述		车间技术助理员登录 MES，进入生产综合计划接收界面，单击"接收"按钮，在显示的待接收列表中勾选需要接收的计划，单击"确认"按钮后，完成计划的接收。如果接收到的生产综合计划已在 MES 中创建，则由车间技术助理员将接收到的生产综合计划与车间已创建的生产综合计划进行绑定（接收到的生产综合计划与车间创建计划可随时绑定）		
发起者		车间技术助理员	参与者	
触发条件		车间技术助理员在 MES 中单击"接收"按钮。接收条件：默认开始时间为当月、状态为"已发布""未完成"的生产综合计划。排序：可以默认为按时间升序排列		
前置条件		多项目系统中生产综合计划已发布		
后置条件		MES 显示多项目系统中下发的生产综合计划		
主干过程	步骤	操作		
	1	车间技术助理员在 MES 中单击"接收"按钮		
	2	车间技术助理员在显示的待接收列表中勾选需要接收的计划并确认接收		
	3	MES 检查计划代码是否存在，如果存在，则将接收到的生产综合计划与已创建的生产综合计划进行绑定		
	4	MES 显示接收到的生产综合计划信息		
扩展过程	步骤	操作		
问题		无		

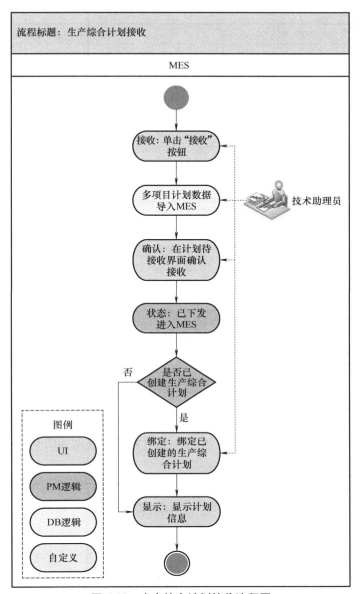

图 6-15　生产综合计划接收流程图

2）数据结构见表 6-26。

表 6-26　数据结构

表名：生产计划（POM_Plan）		SFTDMesDB（自定义库）		
字段（英）	字段（中）	是否必填	类型长度	描述
ID	主键	是	Int	
Proj_Code	计划代码	是	Varchar（50）	
Task_Name	任务名称	是	Nvarchar（200）	
Proj_Name	项目名称	是	Nvarchar（200）	

（续）

表名：生产计划（POM_Plan）		SFTDMesDB（自定义库）		
字段（英）	字段（中）	是否必填	类型长度	描述
Product_Code	产品代号	是	Varchar（50）	
Type	类型	是	Varchar（200）	
Plan_Start_Date	开始时间	是	Varchar（100）	
Plan_End_Date	结束时间	是	DateTime	
User_Name	责任人	是	DateTime	
Dept_Name	责任部门	是	Varchar（50）	
Work_Qty	工作量	是	Varchar（50）	
CompleteForm	完成形式	否	Varchar（50）	
Appr_Task	评审任务	否	Varchar（50）	
Plan_Resp	责任令	是	Varchar（50）	
Plan_Tmp	临时计划	是	Varchar（20）	
Parent_ID	父ID	否	Varchar（500）	
Order_By	排序	否	Varchar（20）	

3）用户界面，计划接收界面如图 6-16 所示，计划绑定界面如图 6-17 所示。

图 6-16　计划接收界面

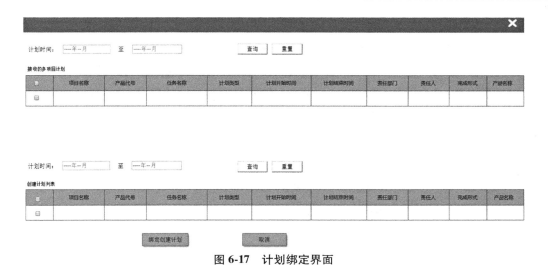

	项目名称	产品代号	任务名称	计划类型	计划开始时间	计划结束时间	责任部门	责任人	完成形式	产品名称

图 6-17　计划绑定界面

（6）车间创建计划

1）流程及描述。

① 车间创建计划流程图如图 6-18 所示。

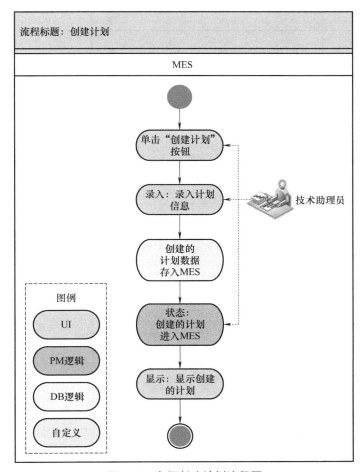

图 6-18　车间创建计划流程图

② 车间创建计划流程描述说明见表 6-27。

表 6-27　车间创建计划流程描述说明

编号		1-2	名称		车间创建计划
描述		多项目系统没有下发生产综合计划时，车间技术助理员可以在 MES 中创建该生产综合计划			
发起者		车间技术助理员	参与者		
触发条件		车间技术助理员在 MES 中制定多项目系统没有下发的生产综合计划			
前置条件		多项目系统没有下发生产综合计划			
后置条件		MES 生成生产综合计划，进行生产			
主干过程	步骤	操作			
	1	车间技术助理员在 MES 中单击"创建计划"按钮			
	2	MES 弹出计划录入界面，录入计划数据（计划代码可以选择也可录入）			
	3	单击"确认"按钮，完成生产综合计划创建			
扩展过程	步骤	操作			
问题		无			

2）数据结构，参见"生产计划管理——计划接收"数据结构。

3）用户界面，车间创建计划界面如图 6-19 所示。

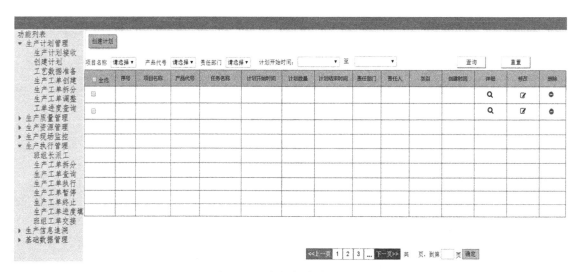

图 6-19　车间创建计划界面

（7）生产工单创建

1）流程及描述。

① 生产工单创建流程图，如图 6-20 所示。

② 生产工单创建流程描述见表 6-28。

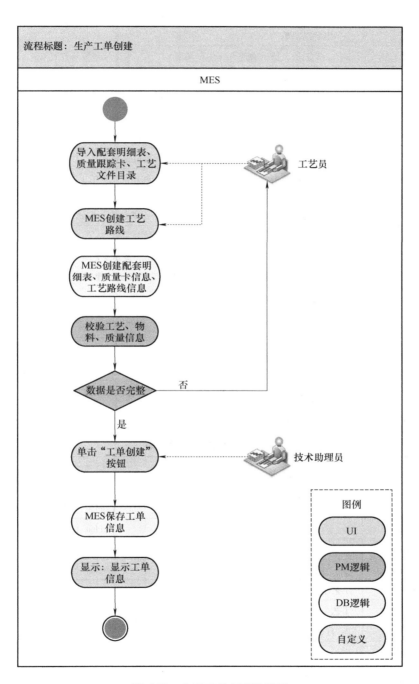

图 6-20 生产工单创建流程图

表 6-28　生产工单创建流程描述

编号	1-4	名称	生产工单创建
描述	车间工艺员将配套明细表、质量跟踪卡（可批量导入）、工艺文件目录导入 MES，当生产工单的工艺信息、物料信息、质量信息完整后，由技术助理（生产调度）创建出生产工单		
发起者	工艺员、技术助理员（生产调度）	参与者	
触发条件	车间技术助理员（生产调度）单击"工单创建"按钮		
前置条件	工艺人员导入配套明细表、质量跟踪卡（可批量导入）、工艺文件目录		
后置条件	MES 生成生产工单		
主干过程	步骤	操作	
	1	工艺员将配套明细表、质量跟踪卡（可批量导入）、工艺文件目录导入 MES	
	2	工艺员单击"创建工艺路线"按钮，创建该工单的工艺路线（工艺员依据导入的工艺文件目录，调整执行顺序，编辑工艺路线并保存）	
	3	车间技术助理员（生产调度）单击"工单创建"按钮	
	4	系统检查生产工单创建所需必要信息是否完整	
	5	如生产信息不完整，系统返回错误消息，提示工艺组维护数据完整	
	6	如生产信息完整，填写工单信息后保存提示创建工单成功（工单按批、按件均可创建）	
扩展过程	步骤	操作	
错误异常			
问题	无		

2）数据结构。生产工艺数据表见表 6-29。

表 6-29　生产工艺数据表

表名：生产工艺（PDefM_PPR）		CustomDB		
字段（英）	字段（中）	是否必填	类型长度	描述
PPR	工艺名称	是	Varchar（50）	
PPR_Version	工艺版本	是	Varchar（20）	
PPR_LabelName	工艺标签名	是	Varchar（50）	产品代号
PPR_VersionLabel	版本标签名	是	Varchar（20）	产品名称
PPR_EffectiveFromUTC	工艺生命周期开始时间	是	DateTime	默认创建时间
PPR_EffectiveUntilUTC	工艺生命周期结束时间	是	DateTime	默认 9999 年
PPR_AllowAddProp	自定义属性标识	否	Int	勾选后生效
PPR_CreatedBy	工艺创建人	是	Nvarchar（30）	
PPR_CreatedOnUTC	工艺创建时间	是	DateTime	
PPR_ApprovedUTC	生效时间	是	DateTime	
PPR_PlantName	工厂名称	是	Nvarchar（255）	
PPR_FinalMaterialld	物料 ID	是	Nvarchar（64）	

（续）

表名：生产工艺（PDefM_PPR）			CustomDB	
字段（英）	字段（中）	是否必填	类型长度	描述
PPR_Status	工艺状态	是	Nvarchar（2）	
PPR_Active	是否激活状态	是	Int	
PPR_AllowModify	是否允许修改	是	Int	
PPR_LifeCycle	生命周期	是	Nvarchar（20）	

生产任务表，具体见表6-30。

表6-30　生产任务表

表名：生产任务（POM_Order）			CustomDB	
字段（英）	字段（中）	是否必填	类型长度	描述
pom_entry_id	生产任务号	是	VARCHAR（20）	
pom_order_pk	生产任务代码	是	Int（4）	主键
pom_order_status_pk	生产任务状态编号	是	Int	
pom_order_family_pk	生产任务分类编号	是	Int	
pom_order_type_pk	生产任务类型编号	是	Int	
Note	生产任务描述	否	msg_text：nvarchar（1000）	
estimated_start_time	生产任务计划开始时间	是	datetime	
estimated_end_time	生产任务计划结束时间	是	datetime	
actual_start_time	生产任务实际开始时间	是	Datetime	
actual_end_time	生产任务实际结束时间	是	Datetime	
plant_name	工厂名称	是	nvarchar（255）	
plant_version	工厂版本	是	nvarchar（35）	
ppr_name	工艺路线名称	是	nvarchar（255）	
ppr_version	工艺路线版本	是	nvarchar（35）	
ppr_label	工艺路线描述	是	nvarchar（50）	
last_user	班组长姓名	是	nvarchar（30）	
last_prog	调度员姓名	是	nvarchar（50）	
release_date	计划接收时间	是	datetime	
due_date	工单下达时间	是	datetime	
RowUpdated	行更新时间	是	datetime	

生产工单表，见表6-31。

表6-31　生产工单表

表名：生产工单（POM_Entry）			SITMESDB	
字段（英）	字段（中）	是否必填	类型长度	描述
Order_ID	生产任务号	是	VARCHAR（20）	
Entry_ID	生产工单号	是	VARCHAR（20）	

（续）

表名：生产工单（POM_Entry）			SITMESDB	
字段（英）	字段（中）	是否必填	类型长度	描述
Material_ID	产出物料 ID	是	VARCHAR（20）	
Init-Qty	额定工时	是	Int（4）	
Product-Qty	实际工时	是	Int（4）	
Entry_Family_ID	工单 Family	是	Int（4）	
Entry_Type_ID	工单类型	是	Int（4）	
Entry_Status	工单状态	是	Int（4）	
UOM	物料单位	是	Int（4）	
Order_Estimated_Start_Time	计划开始时间	是	DATETIME（8）	
Order_Estimated_End_Time	计划结束时间	是	DATETIME（8）	
Actual_Start_Time	实际开始时间	是	DATETIME（8）	
Actual_End_Time	实际结束时间	是	DATETIME（8）	
Product_Num	生产批编号	是	Int（4）	

3）用户界面如图 6-21～图 6-26 所示。

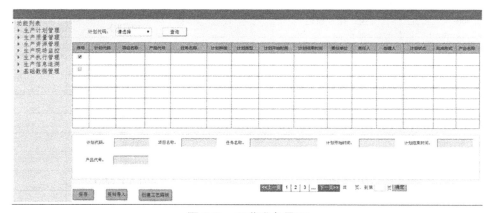

图 6-21　工艺准备界面

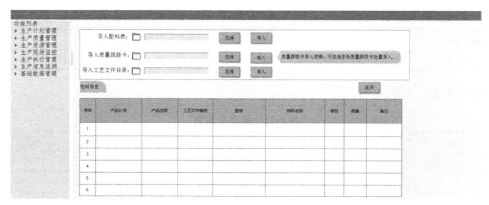

图 6-22　导入配套明细表界面

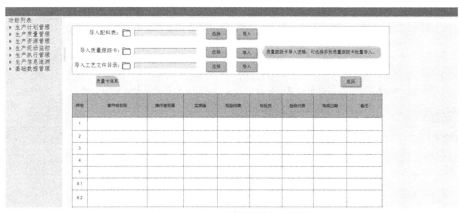

图 6-23　导入质量跟踪卡界面

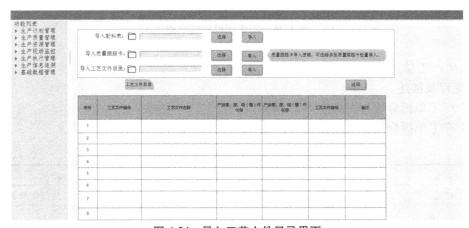

图 6-24　导入工艺文件目录界面

创建工艺路线界面

产品类型：

☑全选	序号	工序名称	工序代码	质量跟踪卡代码绑定
☑				
☑				
☑				
☑				
☑				
☑				
☑				
☑				

保存　　　　　　　取消

图 6-25　创建工艺路线界面

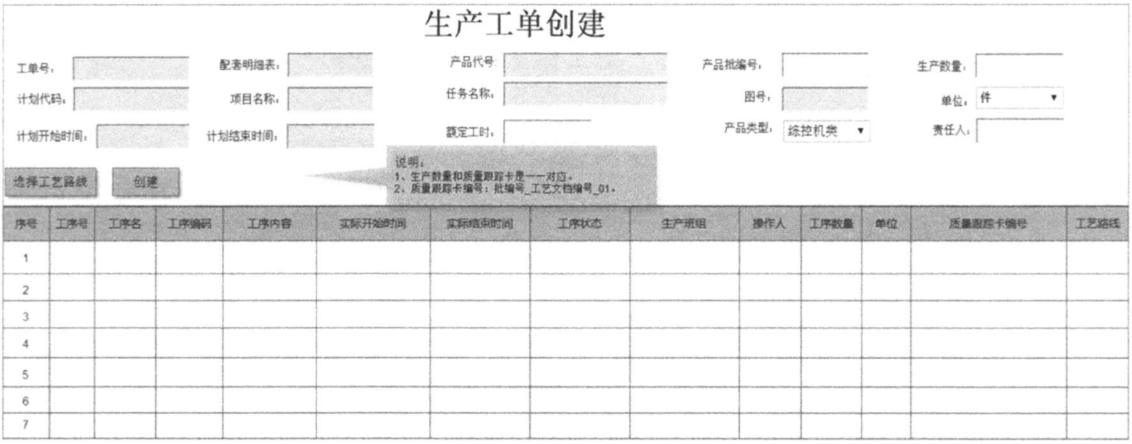

图 6-26　工单创建完成界面

（8）生产工单拆分

1）流程及描述。

① 生产工单拆分流程图如图 6-27 所示。

② 生产工单拆分流程描述见表 6-32。

表 6-32　生产工单拆分流程描述

编号	1-5	名称	生产工单拆分
描述	车间调度员登录 MES 选择待拆分的生产工单，填写拆分条件，进行生产工单拆分		
发起者	车间调度员	参与者	
触发条件	车间调度员选择生产工单，单击拆分按钮		
前置条件	生产工单已创建		
后置条件	生产工单拆分为多个		
主干过程	步骤	操作	
	1	系统以列表显示未确认状态的工单，选择待拆分的生产工单	
	2	单击"拆分"按钮，选择拆分条件	
	3	查看拆分后的生产工单信息	
	4	确认拆分	
	5	系统显示拆分后的生产工单信息	
	6		
扩展过程	步骤	操作	
错误异常			
问题	无		

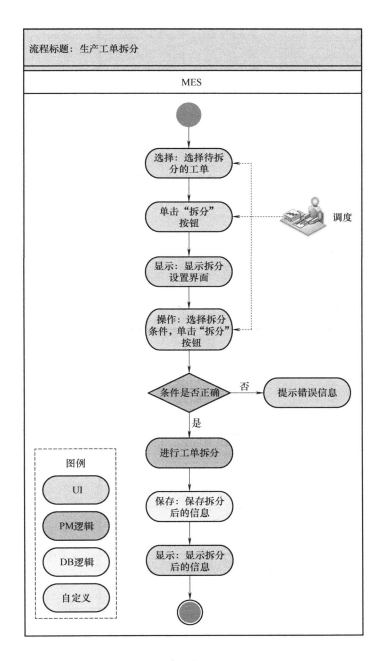

图6-27 生产工单拆分流程图

2）数据结构，参见"生产计划管理——生产工单创建"的数据结构。

3）生产工单拆分界面如图6-28所示。

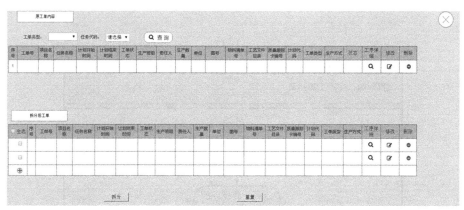

图 6-28　生产工单拆分界面

（9）生产工单调整

1）流程及描述。

① 生产工单调整流程图，如图 6-29 所示。

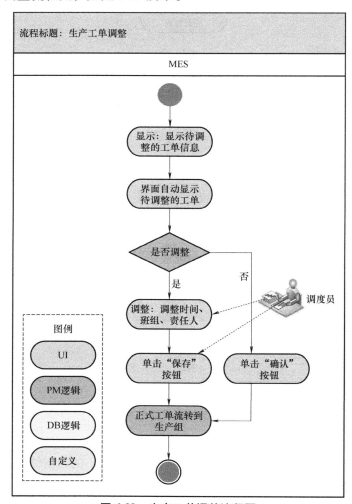

图 6-29　生产工单调整流程图

② 生产工单调整流程描述见表6-33。

表6-33 生产工单调整流程描述

编号	1-6		名称	生产工单调整	
描述	生产工单完成创建后,由调度员判断工单是否需要进行调整。如果工单需要调整,则进行时间、班组等信息的调整,调整后将生产工单下发到生产班组;如果不需要调整,则由调度员对工单进行确认,确认后将生产工单下发到生产班组				
发起者	生产调度员		参与者		
触发条件	车间调度员选择工单进行调整				
前置条件	生产工单创建完成				
后置条件	生产工单下发到生产班组				
主干过程	步骤	操作			
	1	系统以列表显示未确认状态的工单,等待调度员处理			
	2	调度员根据勾选列表中的具体工单,通过下拉菜单的方式选择工单新的开始、结束时间,班组,以及班组长的信息,单击"保存"按钮			
	3	调度员根据勾选列表中的具体工单,无须调整的工单直接单击"确认"按钮;需要调整的先单击"保存"按钮,再单击"确认"按钮。可以多选工单,批量确认			
扩展过程	步骤	操作			
错误异常					
问题	无				

2）数据结构,参见"生产计划管理——生产工单创建"数据结构。

3）用户界面如图6-30所示。

图6-30 生产工单调整界面

（10）工单进度查询

1）流程及描述。

① 工单进度查询流程图,如图6-31所示。

② 工单进度查询流程描述见表6-34。

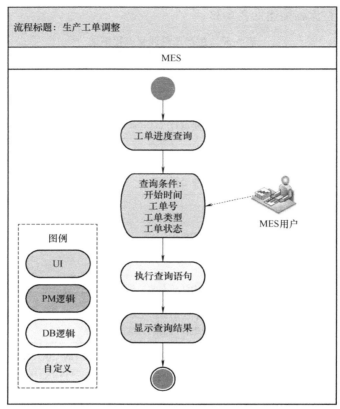

图 6-31　工单进度查询流程图

表 6-34　工单进度查询流程描述

编号		1-7	名称	工单进度查询
描述		车间 MES 使用者登录 MES，进入工单进度查询界面，选择查询条件，单击"查询"按钮，MES 显示查询结果		
发起者		车间 MES 使用者	参与者	
触发条件		车间 MES 使用者单击"查询"按钮		
前置条件		生产工单已执行		
后置条件		显示生产工单进度信息		
主干过程	步骤	操作		
	1	车间 MES 使用者登录 MES 进入工单进度查询界面		
	2	选择开始时间、工单号、工单类型、工单状态等查询条件		
	3	单击"查询"按钮		
	4	MES 显示查询结果		
扩展过程	步骤	操作		
错误异常				
问题		无		

2) 数据结构,参见"生产计划管理——生产工单创建"数据结构。

3) 用户界面如图6-32所示。

图6-32 工单查询界面

2. 生产资源管理

(1) 用户需求模块功能对照

1) 用户需求模块说明见表6-35。

表6-35 用户需求模块说明

编　　号	系 统 功 能	业 务 需 求
2-1	物料配置数据维护	物料基础数据管理
2-2	制造 BOM 管理	物资及半成品管理
2-3	物料缺料管理	
2-4	料箱管理	配料管理
2-5	物料分料	
2-6	料箱解绑	
2-7	工装工具管理	工装及工具管理

2) 生产资源管理业务流程图如图6-33所示。业务流程描述见表6-36。

表6-36 业务流程描述

序号	处 理 业 务	业 务 描 述
10	多项目下发计划	多项目下发物料齐套计划、工艺准备计划,计划的任务名称不同
20	查看:物料齐套计划、工艺准备计划	物资保障组查看物料齐套计划、工艺组查看工艺准备计划
30	工艺组准备	工艺组线下准备配套明细表、质量跟踪卡、工艺文件目录
40	工艺组导入	工艺组将配套明细表、质量跟踪卡、工艺文件目录导入 MES
50	物资保障组向 SAP 系统传递领料信息	物资保障组向 SAP 系统传递领料信息,领料信息包括:单套产品的物料配套明细信息、领料的数量

（续）

序号	处 理 业 务	业 务 描 述
60	SAP 系统向 MES 反馈缺料信息	SAP 系统向 MES 反馈缺料信息，缺料信息包括：物料名称、缺料数量、缺料时间
70	物资保障组查看缺料信息	物资保障组查看缺料信息
80	物资保障组领料	物资保障组到生产处库房进行领料，领料前生产处库房物料已具备物料二维码
90	物资保障组分料	物资保障组按照单套产品的配套信息将物料分料放到料箱中，并扫描料箱二维码与物料二维码进行绑定 配料及生产相关操作在生产执行管理中体现

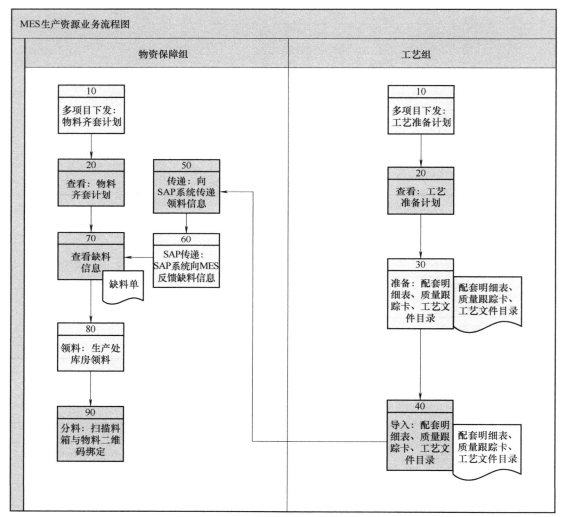

图 6-33　生产资源管理业务流程图

3）基础数据配置。

① 物料类型（Material Type）见表 6-37。

表 6-37 物料类型

物 料 类 型	描 述
Finished Product	成品
SemiProduct	半成品
Raw Material	原材料

② 物料自定义属性（Material Customized Property）见表 6-38。

表 6-38 物料自定义属性

物料自定义属性	描 述	备 注
Abbreviation	物料缩写	Class 属性
Output-coefficient	产量计算值	Class 属性
IsTrack	是否需要序列号追踪	Definition 属性
Operator	分料操作工/装配操作工	LOT 属性
LOOP	LOOP 号	LOT 属性
SerialNo	物料序列号	LOT 属性
CustomerID	合同用户 ID	LOT 属性
BOMNO	BOM 编号	LOT 属性
MN	供应商	BOM 属性
Scope	CEPD/SS/Customer/Manual	BOM 属性
BOM Designer	BOM 设计	BOM 属性
BOM Assessor	BOM 审核	BOM 属性
BOM Approver	BOM 批准	BOM 属性
Contract No.	合同号	BOM 属性
Project Name	项目名称	BOM 属性
Piece	单位	件

（2）物料配置数据维护

1）流程及描述。

① 物料配置数据维护流程图如图 6-34 所示。

② 物料配置数据维护流程描述见表 6-39。

表 6-39 物料配置数据维护流程描述

编号	2-1	名称	物料配置数据维护
描述	在 SIMATIC IT MM Client 中对物料的配置数据进行维护		
发起者	系统管理员	参与者	
触发条件	系统管理员登录 SIMATIC IT MM Client，进行操作		
前置条件	SIMATIC IT MM 已正确安装		
后置条件	物料类型、物料类别、物料属性和物料单位在 MM 中正确维护		

（续）

	步骤	操作
主干过程	1	打开 MM Client
	2	在 MM Client 中新建或编辑物料 Type
	3	在 MM Client 中新建或编辑物料 Property
	4	在 MM Client 中新建或编辑物料 UOM
	5	在 MM Client 中新建或编辑物料 Class，并为 Class 分配 Type，Property 和 UOM
	6	退出 MM Client
扩展过程	步骤	操作
错误异常	2、3、4	已经被物料类别引用的物料类型、物料属性和物料单位不能删除，且主关键字不能进行编辑
问题		无

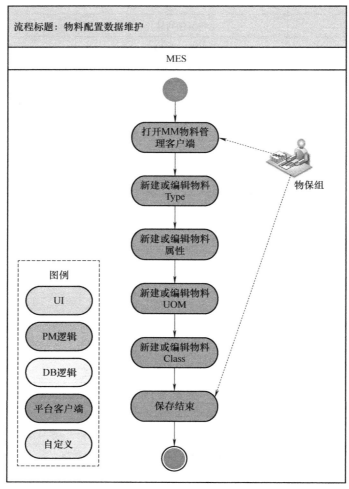

图 6-34 物料配置数据维护流程图

2）数据结构，相关数据说明见表6-40~表6-43。

表 6-40 物料 Type 说明

物料 Type		SITMESDB		
字段（英）	字段（中）	是否必填	类型长度	描述
TypeID	物料类型 ID	是	VARCHAR（20）	
TypeName	物料类型名称	是	VARCHAR（20）	
Descript	描述	否	VARCHAR（50）	

表 6-41 物料 Property 说明

物料 Property		SITMESDB		
字段（英）	字段（中）	是否必填	类型长度	描述
PrpGroupID	属性组 ID	是	VARCHAR（20）	
PropertyID	属性 ID	是	VARCHAR（20）	
PropertyName	属性名	是	VARCHAR（20）	
Descript	描述	否	VARCHAR（50）	
DataType	数据类型	是	Int（4）	

表 6-42 物料 UOM 说明

物料 UOM		SITMESDB		
字段（英）	字段（中）	是否必填	类型长度	描述
UOMID	计量单位 ID	是	VARCHAR（20）	
UOMName	计量单位名称	是	VARCHAR（20）	
Descript	描述	否	VARCHAR（50）	
BasedUOMID	系统基准计量单位	是	VARCHAR（20）	

表 6-43 物料 Class 说明

物料 Class		SITMESDB		
字段（英）	字段（中）	是否必填	类型长度	描述
ClassID	物料类 ID	是	VARCHAR（20）	
ClassName	物料类名称	是	VARCHAR（20）	
IsTemplate	是否模板类	是	Int（4）	在本项目中采用模板类（值取1）
TypeID	物料类型 ID	是	VARCHAR（20）	
Descript	描述	否	VARCHAR（50）	

3）用户界面如图6-35所示。

（3）制造 BOM 管理

1）流程及描述。

① 制造 BOM 管理流程图如图6-36所示。

② 制造 BOM 管理流程描述见表6-44。

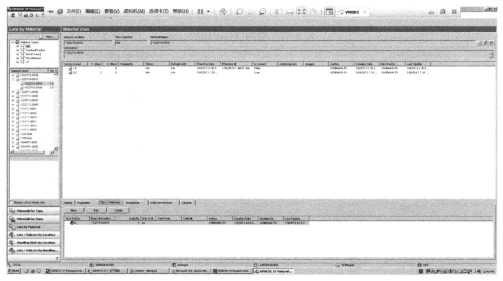

图 6-35　物料配置界面

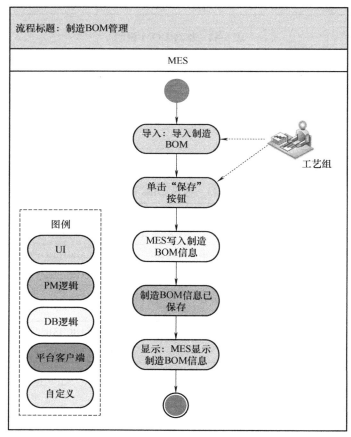

图 6-36　制造 BOM 管理流程图

表 6-44 制造 BOM 管理流程描述

编号	2-2		名称	制造 BOM 管理
描述	工艺员线下准备 Excel 格式的制造 BOM，并将制造 BOM 导入到 MES 中，MES 根据业务需要筛选字段进行展示			
发起者	工艺组		参与者	
触发条件	工艺员单击"导入"按钮			
前置条件	工艺人员在 PDM 中导出 Excel 形式的工艺 BOM。生产制造部门根据工艺 BOM 形成 Excel 形式的制造 BOM（树形结构展示）			
后置条件	MES 保存制造 BOM 信息			
主干过程	步骤		操作	
	1		单击"导入"按钮	
	2		选择要导入的 Excel 文件，完成数据导入	
	3		查看导入后的信息，单击"保存"按钮	
	4		MES 保存制造 BOM 信息，并进行必要字段的展示（树形结构展示）	
扩展过程	步骤		操作	
错误异常				
问题	无			

2) 数据结构，相关数据见表 6-45。

表 6-45 BOM Info 表

表名：BOM Info		SFTDMESDB（自定义库）		
字段（英）	字段（中）	是否必填	类型长度	描述
ID	序号	是	Int	
Part Code	所属部件代号	是	Varchar（20）	
Code	代号	是	Varchar（20）	
Name	名称	是	Nvarchar（50）	
Quantity	数量	是	Float	
Unit	单位	是	Nvarhcar（10）	
Spare Parts Quantity	备件数量	是	Float	
MainClass	主分类	是	Nvarhcar（10）	
ManuFacturer	生产厂家	是	Nvarhcar（50）	
Master Make	主制单位	是	Nvarhcar（20）	
Routing	工艺路线	是	Nvarhcar（255）	
KeyGoods	关重件	是	Nvarhcar（20）	
Routing Remark	工艺路线备注	是	Nvarhcar（255）	
Routing Quantity	工艺路线册数	是	Int	

（续）

表名：BOM Info		SFTDMESDB（自定义库）		
字段（英）	字段（中）	是否必填	类型长度	描述
Phase	阶段	是	Varchar（20）	
Product Technical Status	产品技术状态	是	Varchar（20）	
Product Code	产品代码	是	Varchar（20）	
Product System Code	产品系统代码	是	Varchar（20）	
Material Num	材料册数	是	Int	
Material Name	材料名称	是	Nvarchar（20）	
Material Type	材料类别	是	Varchar（20）	
Material Card Num	材料牌号	是	Varchar（20）	
Material Quality	材料质量	是	Nvarchar（20）	
Material Accuracy	材料精度	是	Folat	
Material Varieties	材料品种	是	Nvarchar（20）	
Cutting Size	下料尺寸	是	Float	
Components	可制零件	是	Nvarchar（20）	
Measurement Unit	计量单位	是	Nvarchar（20）	
Material Remark	材料备注	否	Nvarchar（255）	

3）用户界面如图 6-37 所示。

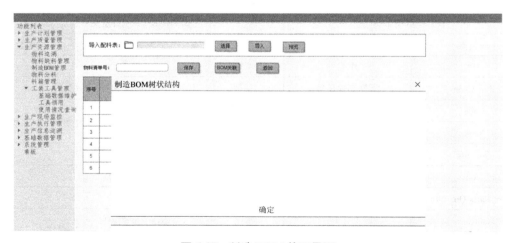

图 6-37　制造 BOM 管理界面

（4）物料缺料管理

1）流程及描述。

① 物料缺料管理流程图如图 6-38 所示。

② 物料缺料管理流程描述见表 6-46。

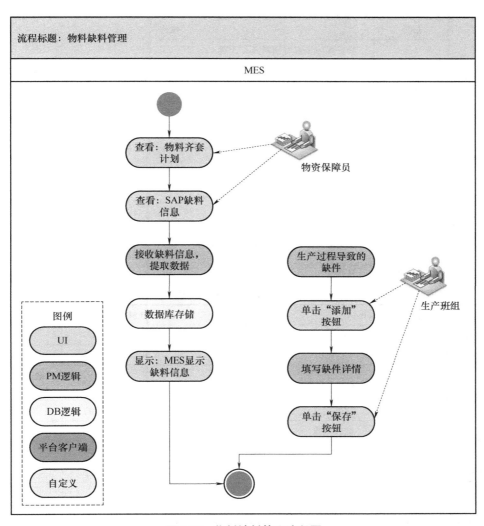

图 6-38　物料缺料管理流程图

表 6-46　物料缺料管理流程描述

编号	2-3	名称	物料缺料管理
描述	物资保障员查看 MES 接收的物料齐套计划，将物料领料信息传递给 SAP 系统，并获取 SAP 系统反馈的缺料信息 如果生产过程中出现某种原因的缺件，生产班组可以在 MES 中进行记录，并填写数量及原因		
发起者	物资保障员	参与者	
触发条件	物资保障员进入缺料界面进行操作		
前置条件	MES 接收物料齐套计划，SAP 系统同步数据缺料信息		
后置条件	MES 显示、记录缺料信息		

（续）

	步骤	操作
主干过程	1-1	物资保障员查看物料齐套计划
	1-2	物资保障员查看 SAP 系统缺料信息
	1-3	MES 显示缺料信息
	1-4	生产过程中发生缺件事件，由生产班组填写缺件信息
	1-5	单击"添加"按钮，MES 界面填写缺件数量、原因、物料名称，单击"保存"按钮
扩展过程	步骤	操作
	1-1	缺料单在 MES 中查看，保持实时与 ERP 系统缺料信息一致
错误异常		
问题		无

2）数据结构，相关数据见表 6-47。

表 6-47　LackMaterial 表

表名：LackMaterial		SFTDMESDB（自定义库）		
字段（英）	字段（中）	是否必填	类型长度	描述
OrderID	工单号	是	VARCHAR（20）	
BOMID	BOM 编号（BOMNO）	是	VARCHAR（20）	缺件物料所属配套明细表编号
DefID	物料定义	是	VARCHAR（20）	物料类型
Mis_Parts_Num	缺件数量	是	Int（4）	
Mis_Parts_Note	缺件原因	是	VARCHAR（1000）	
Mis_Parts_StartTime	缺件开始时间	是	DATETIME（8）	
Priority	优先级	否	Int（4）	
UOM	单位	是	Int（4）	

3）用户界面如图 6-39 和图 6-40 所示。

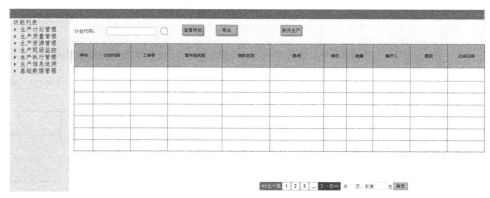

图 6-39　缺料管理界面

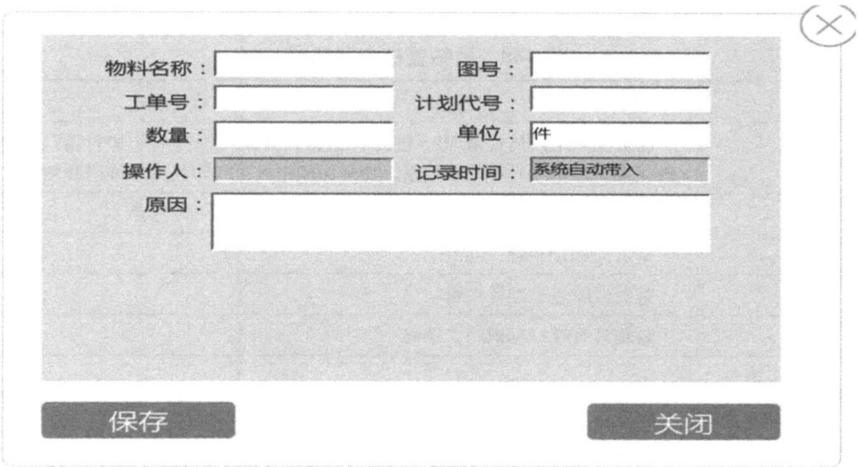

物料名称:		图号:	
工单号:		计划代号:	
数量:		单位:	件
操作人:		记录时间:	系统自动带入
原因:			

保存　　　　　　　　　　关闭

图 6-40　生产缺料录入界面

（5）料箱管理

1）流程及描述。

① 料箱管理流程图，如图 6-41 所示。

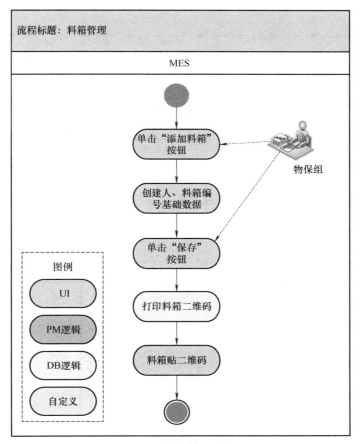

图 6-41　料箱管理流程图

② 料箱管理流程描述见表 6-48。

表 6-48　料箱管理流程描述

编号		2-4	名称	料箱管理
描述		物资保障组人员登录 MES 进入料箱管理界面，单击"添加料箱"按钮，系统记录创建人、料箱编号等基础数据，物资保障组人员打印料箱二维码并粘贴到料箱		
发起者		物资保障员	参与者	
触发条件		单击"添加料箱"按钮		
前置条件		物资保障组已准备料箱		
后置条件		料箱具有唯一标识的二维码		
主干过程	步骤	操作		
	1	物资保障组人员登录 MES，进入料箱管理界面		
	2	单击"添加料箱"按钮		
	3	系统记录创建人、料箱编号等基础数据		
	4	物资保障组人员打印料箱二维码并粘贴到料箱		
扩展过程	步骤	操作		
错误异常				
问题		无		

2）数据结构，相关数据见表 6-49。

表 6-49　MaterialBox 表

表名：MaterialBox		SFTDMESDB（自定义库）		
字段（英）	字段（中）	是否必填	类型长度	描述
MaterialBoxID	料箱号	是	VARCHAR（20）	
Creator	创建人姓名	是	VARCHAR（20）	
Create_Date	创建日期	是	DATETIME（8）	
UpdateDate	更新时间	是	DATETIME（8）	
Parts_Status	料箱状态	是	DATETIME（8）	占用/空闲
Remark	备注	否	VARCHAR（50）	

3）用户界面，如图 6-42 所示。

图 6-42　料箱管理界面

（6）物料分料

1）流程及描述。

① 物料分料流程图如图 6-43 所示。

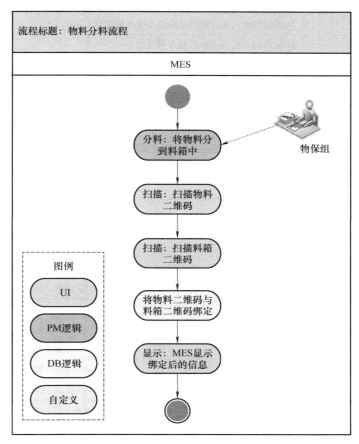

图 6-43 物料分料流程图

② 物料分料流程描述见表 6-50。

表 6-50 物料分料流程描述

编号	2-5		名称	物料分料
描述	在进行分料之前，物料在生产处一级库房已经粘贴好物料二维码，物资保障组人员将物料放入料箱，并通过扫码将物料二维码与料箱二维码进行绑定。工单执行时，领料工序由物保组进行配料（工单领料将料箱二维码与工单号进行关联）			
发起者	物资保障员		参与者	
触发条件	物资保障员进行分料操作			
前置条件	物料在生产处一级库房已经粘贴好物料二维码			
后置条件				

（续）

	步骤	操作
主干过程	1	物资保障组人员登录 MES，进入分料界面
	2	物资保障组人员将物料放入料箱（对照工序的产品代码关联产品对应的制造 BOM）
	3	物资保障组人员分别扫描料箱二维码和物料二维码
	4	MES 将料箱信息与物料信息进行绑定
	5	领料时将料箱二维码与工单号进行关联
	步骤	操作
扩展过程	1	1）物料保障组分料是为工序执行中的配料准备 2）工序执行中的配料工序，直接查询对应工序的产品代码关联产品对应的制造 BOM
错误异常		
问题		无

2）数据结构，相关数据见表 6-51。

表 6-51　PutMaterial 表

表名：PutMaterial		SFTDMESDB（自定义库）		
字段（英）	字段（中）	是否必填	类型长度	描述
ID	主键	是	Int	
Materiel ID	物料号	是	Varchar（20）	
Materiel Box ID	料箱号	是	Varchar（20）	
LOT	批编号	是	Varchar（20）	
Entry_ID	工单号	是	Varchar（20）	
Quantity	数量	是	Int	
Remark	备注	否	Nvarchar（255）	

3）用户界面如图 6-44 所示。

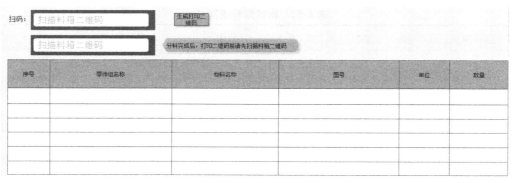

图 6-44　分料界面

（7）料箱解绑

1）功能描述。手动操作料箱解绑，物资保障组人员登录 MES 进入料箱解绑管理界面，选择需要解绑的料箱，单击"解绑功能"按钮后，系统解除料箱与物料、料箱与工单的绑定关系；料箱的状态恢复到可用状态。另外，系统在工单完工报工同时，料箱与工单、料箱与物料自动解除绑定关系，释放料箱状态为可用。

2）数据结构，参见"生产资源管理-料箱管理"的数据结构。

3）用户界面，如图 6-45 所示。

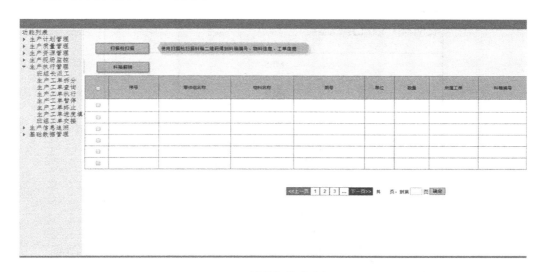

图 6-45 料箱解绑功能界面

（8）工装工具管理

1）流程及描述。

① 工装工具管理流程图，如图 6-46 所示。

② 工装工具管理流程描述见表 6-52。

表 6-52 工装工具管理流程描述

编号	2-7		名称	工装工具管理	
描述	MES 用户登录系统查看工装工具信息				
发起者	MES 用户			参与者	
触发条件	MES 用户单击查看按钮				
前置条件	SAP 系统设备传递工装工具信息				
后置条件	MES 显示工装工具信息				
	步骤		操作		
主干过程	1		MES 用户登录系统，进入工装工具管理界面		
	2		MES 用户选择工装工具编号		
	3		MES 用户单击"查看"按钮		
	4		MES 展示工装工具信息		

（续）

扩展过程	步骤	操作
错误异常		
问题		无

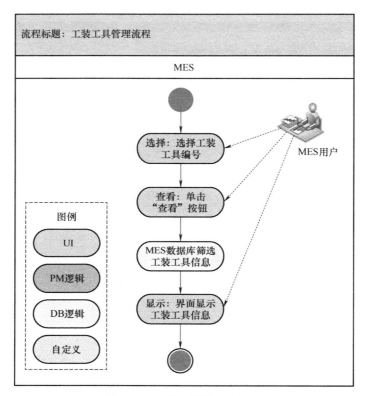

图 6-46　工装工具管理流程图

2）数据结构，相关数据见表6-53。

表 6-53　MES_Tools 表

MES_Tools		SFTDMESDB（自定义库）		
字段（英）	字段（中）	是否必填	类型长度	描述
Tools ID	工装工具编号	是	VARCHAR（20）	
Tools_Name	工装工具名称	是	VARCHAR（20）	
Factory	生产厂家	是	VARCHAR（50）	
Factory ID	厂家编号	是	VARCHAR（20）	
Factory_Phone	厂家联系电话	否	VARCHAR（20）	

（续）

MES_Tools		SFTDMESDB（自定义库）		
字段（英）	字段（中）	是否必填	类型长度	描述
Manufacture Date	出厂日期	是	DATETIME（8）	
Enable Date	启用日期	是	DATETIME（8）	
Tools_Num	工装工具出厂编号	否	VARCHAR（20）	
Tools_Class	工装工具类型	是	VARCHAR（20）	工装类/工具类
Tools_Type	工装工具种类	是	VARCHAR（20）	三类五金/…
Create_Date	创建日期	否	DATETIME（8）	
Update Date	更新时间	否	DATETIME（8）	
Create_Person	创建人	否	VARCHAR（20）	
Accountability Unit	责任单位	是	NVARCHAR（20）	
Personliable	责任人	是	NVARCHAR（20）	
Storage Location	存放地点	是	NVARCHAR（50）	
Tools_Keeper	保管人	是	VARCHAR（20）	
Tools_Status	状态	是	VARCHAR（20）	占用/空闲
Tools_Used	占用数量	是	Int（4）	
Tools_Init	总数量	是	Int（4）	
Model	型号	是	VARCHAR（20）	
Tools_Spec	规格	是	VARCHAR（20）	
Remark	备注	否	VARCHAR（50）	

3）用户界面如图 6-47 所示。

图 6-47　工装工具查询界面

3. 生产执行管理

（1）用户需求与模块功能对照　用户需求与模块功能对照见表 6-54。

表 6-54　用户需求与模块功能

编　号	系 统 功 能	业 务 需 求
3-1	班组长派工	
3-2	生产工单执行	
3-3	生产工单暂停	
3-4	异常事件管理	
3-5	特殊情况记录管理	生产执行管理
3-6	生产工单终止	
3-7	生产工单进度填报	
3-8	班组长工单交接	
3-9	生产工单查询	

（2）业务流程图　生产执行业务流程图如图 6-48 所示，业务处理描述见表 6-55。

表 6-55　业务处理描述

序号	处 理 业 务	业 务 描 述
10	生产工单调整	车间调度员依据目前车间生产情况，调整生产工单（生产班组、计划开工时间等），确定满足生产条件后下达到车间生产班组
20	班组长派工	班组长接收到属于自己班组的生产工单后，根据目前生产班组的人员生产情况，派工生产工单到具体的操作工人
30	物料核实	班组操作者在系统中做生产工单开工前的物料核实，对应生产工单与料箱内物品信息、数量是否一致
40	生产工单执行	车间班组员工登录 MES，进入生产工单执行界面，选择目前属于自己操作的生产工单，单击"执行"按钮，MES 记录生产工单执行状态和生产工单开始时间
50	物料核实错误处理	物料核实错误处理走线下流程处理
60	生产工单暂停	车间班组员工登录 MES 后，进入工单暂停界面，浏览属于自己的生产工单，选择当前需要暂停的生产工单并暂停，MES 记录生产工单停止执行时间，生产工单状态为暂停
70	生产工单终止	车间调度员登录 MES 后，进入工单终止界面，浏览属于自己的生产工单，选择当前需要终止的生产工单并开始终止，MES 停止记录生产工单执行时间，生产工单
80	生产工单进度报工	车间班组员工登录 MES，进入生产工单报工界面，选择目前属于自己操作的生产工单，单击"报工"，进入报工界面，填写相关报工数据（完工数量、完工时间），单击"报工"后 MES 记录报工数据
90	班组长工单交接	车间班组员工登录 MES 后，进入班组工单交接界面，浏览属于自己的生产工单，选择当前需要班组工单交接的生产工单，承接人同时在 MES 中确定承接人并刷卡记录承接人，保证信息和实物一致，开始交接，生产工单状态为已交接
100	工单完工	完成工单的最后一道工序，工序完工的同时工单完工
110	更新 MES 计划	工单末工序完工的同时更新 MES 中的计划信息
120	多项目：生产综合计划	工单末工序完工的同时回写多项目计划完工情况

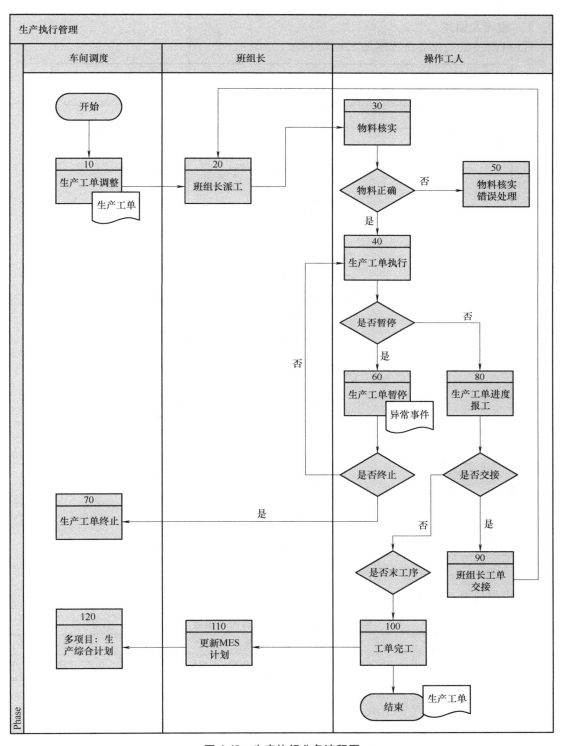

图 6-48　生产执行业务流程图

（3）班组长派工

1）流程及描述。

① 班组长派工业务流程图如图 6-49 所示。

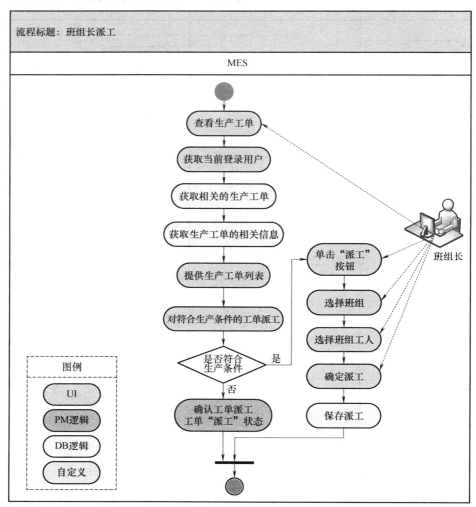

图 6-49　班组长派工业务流程图

② 班组长派工业务流程描述见表 6-56。

表 6-56　班组长派工业务流程描述

编号	3-1		名称	班组长派工
描述	车间班组长（物资保障组组长、生产一组组长、生产二组组长、生产三组组长、生产四组组长、调试组）登录进入到 MES 中，单击系统左侧菜单的生产执行管理，在弹开的菜单中选择班组长派工菜单，进入班组长派工后浏览属于自己班组责任工单（工单较多的情况下系统可提供按条件查询工单），依据目前班组的生产情况进行生产工单的派工，派工选择到自己生产班组的操作人员（车间各班组操作人员），MES 绑定记录生产工单中工序操作工人信息，完成班组长派工（物资保障组派工后，物资保障组员开展物料配送，资料管理人员能实时查看物料配送进展，为生产班组下发工艺资料）			

（续）

发起者	班组长	参与者	
触发条件			
前置条件			
后置条件			
主干过程	步骤	操作	
	1	班组长登录MES，进入系统生产执行管理，打开班组长派工功能界面	
	2	系统获取当前登录的用户（班组长），与当前用户相关的所有生产工单，默认该月所有已下发该班组的生产工单	
	3	获取这些工单的相关信息，包括生产状态、计划信息、实际执行信息等	
	4	班组长勾选符合当前生产的工单单击派工操作，进入到派工页面（班线长可以勾选多个操作者）	
	5	班组长在派工页面进行班组长派工操作，选择对应派工班下面具体操作工人，选择确定派工到班组下具体操作人员，后保存到系统中	
	6	MES绑定生产工单工序与操作者，生产工序状态为班组派工状态	
扩展过程	步骤	操作	
错误异常			
问题		无	

2）数据结构，参见"生产计划管理——生产工单创建"的数据结构。

3）用户界面如图6-50所示。

图6-50 班组长派工用户界面

（4）生产工单执行

1）流程及描述。

① 生产工单执行流程图如图 6-51 所示。

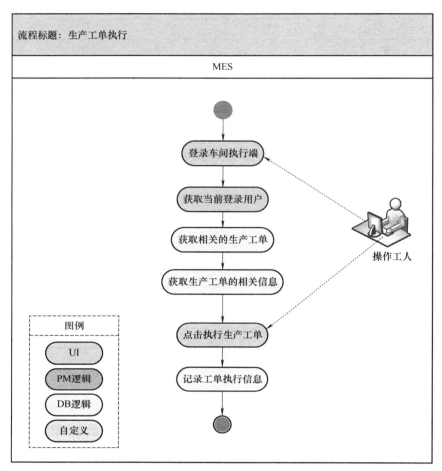

图 6-51　生产工单执行流程图

② 生产工单执行流程描述见表 6-57。

表 6-57　生产工单执行流程描述

编号	3-2		名称	生产工单执行
描述	车间班组操作工人在 MES 中根据生产工单相关的准备工作满足生产条件后，进入 MES 中生产工单执行页面，浏览生产工单列表，选择即将开始生产的工单，单击"开始"按钮，系统中记录工单实际开始生产时间，该生产工单的状态为执行中			
发起者	操作者		参与者	
触发条件	操作工人登录 MES，单击"生产执行"按钮			
前置条件	工单派工完成			
后置条件	生产工单开始执行			

（续）

	步骤	操作
主干过程	1	车间生产线操作工人登录系统并打开生产工单执行界面
	2	MES获取当前登录的用户（操作工人）
	3	获取与当前用户（操作工人）相关的所有可执行生产工单，默认所有已派工生产工单
	4	获取这些工单的相关信息，包括生产状态、计划信息、实际执行信息等，系统显示这些生产任务及其相关信息
	5	选择符合当前生产工单的工序进行执行操作（执行功能），系统记录选择的工序为执行状态
	步骤	操作
扩展过程		工单工序执行前单击"物料"核实，核实实物与系统配套明细表是否一致，如果一致则开始执行工单
错误异常		
问题		无

2）数据结构，参见"生产计划管理——生产工单创建"的数据结构。

3）用户界面。依据MES车间端的使用场景和HT车间特点，结合触摸屏、扫描枪、IC卡读卡器等系统硬件配置，使得车间端界面简洁、易操作。生产执行登录界面如图6-52所示，生产执行用户界面如图6-53所示，生产工单核实用户界面如图6-54所示。

图6-52 生产执行登录界面

（5）生产工单暂停

1）流程及描述。

① 生产工单暂停流程图如图6-55所示。

② 生产工单暂停流程描述见表6-58。

图 6-53　生产执行用户界面

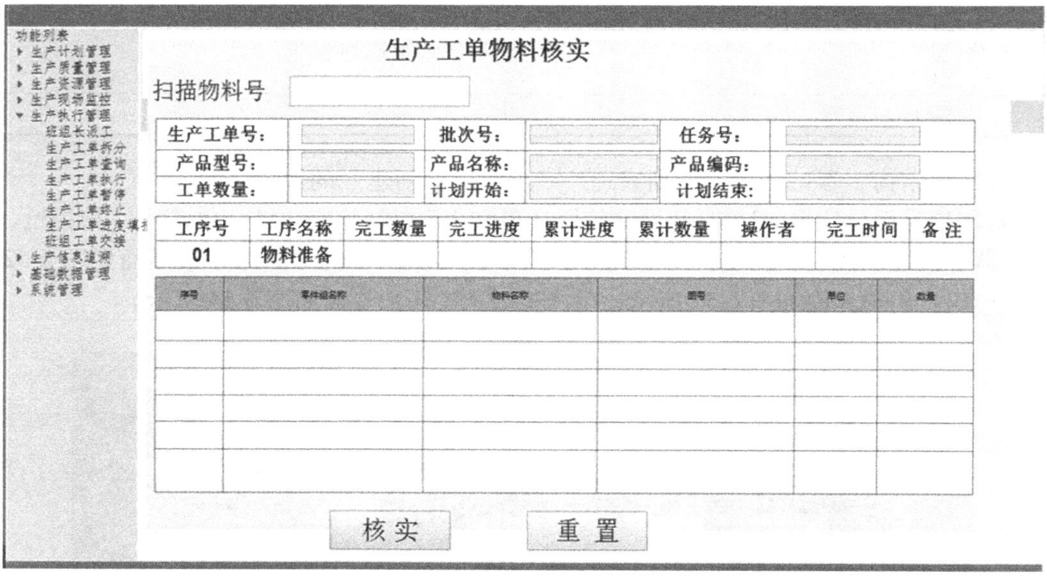

图 6-54　生产工单核实用户界面

表 6-58　生产工单暂停流程描述

编号	3-3	名称	生产工单暂停
描述	车间班组员工登录 MES 后，进入工单暂停界面，浏览属于自己的生产工单，选择当前需要暂停的生产工单并单击"开始暂停"，MES 停止记录生产工单执行时间，生产工单状态为暂停		
发起者	班组操作者	参与者	
触发条件	操作工人登录 MES 单击"工单暂停"按钮		
前置条件			
后置条件			

（续）

	步骤	操作
主干过程	1	操作工人进入MES，打开生产工单暂停界面
	2	系统获取当前登录的用户与当前用户相关的所有执行生产工单，默认为班组员工执行中的所有生产工单
	3	获取这些工单的相关信息，包括生产状态、计划信息、实际执行信息等，系统显示这些生产任务及其相关信息
	4	选择当前生产的工单进行暂停操作（暂停功能），系统记录选择的工单为暂停状态工单
	5	同时在MES中弹出暂停事件录入页面，选择暂停原因并保存
扩展过程	步骤	操作
错误异常		
问题		无

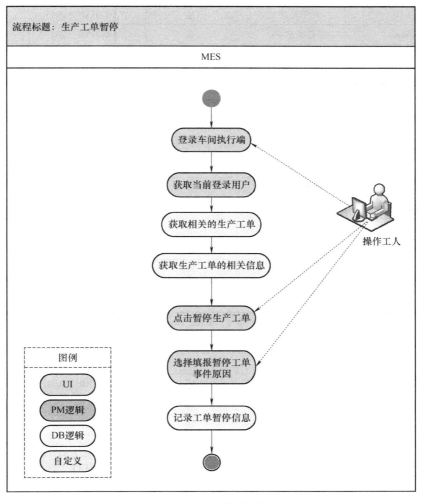

图6-55 生产工单暂停流程图

2）数据结构，参见"生产计划管理——生产工单创建"的数据结构。生产事件相关说明见表6-59～表6-61。

表6-59　生产事件分类说明

生产事件分类（Manu_EventClass）				
属性	属性名称	是否必填	数值类型	描述
EventClass_ID	事件分类编号	是	VARCHAR（20）	
EventClass_Name	事件分类名	是	VARCHAR（50）	
EventClass_Code	事件分类编码	是	VARCHAR（20）	
Parent_ID	分类父编号	是	VARCHAR（20）	
Layer_num	层级	是	Int（1）	
Event_Grade	事件等级	是	Int（1）	
IsNeed_Deal	是否处理	是	Int（1）	
IsShut_Down	是否关闭	是	Int（1）	
Handle_Depart ID	责任部门	是	VARCHAR（20）	
Handle_User ID	责任人ID	是	VARCHAR（20）	
Handle_UserName	责任人名字	是	VARCHAR（20）	
Answer_Time	应答时间	是	Int（4）	该事件应答处理时间
Memo	备注	否	Int（4）	

表6-60　生产事件原因说明

生产事件原因（Manu_EventReason）				
属性	属性名称	是否必填	数值类型	描述
Reason_ID	事件原因编号	是	VARCHAR（20）	
Reason_Name	事件原因名	是	VARCHAR（50）	
Reason_Code	事件原因编码	是	VARCHAR（20）	
EventClass_ID	事件分类编号	是	VARCHAR（20）	
Event_Deal	事件处理描述	否	VARCHAR（200）	
Memo	备注	否	VARCHAR（200）	

表6-61　生产事件说明

生产事件（Manu_Event）				
属性	属性名称	是否必填	数值类型	描述
Event_ID	事件编号	是	VARCHAR（20）	
Event_Name	事件名	是	VARCHAR（50）	
Event_Code	事件编码	是	VARCHAR（20）	
EventClass_ID	事件分类编号	是	VARCHAR（20）	
Reason_ID	事件原因编号	是	VARCHAR（20）	
Event_Status	事件状态	是	Int（1）	
Event_Sender	事件发起人	是	VARCHAR（20）	

（续）

生产事件（Manu_Event）				
属性	属性名称	是否必填	数值类型	描述
Event_SendDepart	事件发起部门	是	VARCHAR（20）	
Event_SendTime	事件发起时间	是	DATETIME（18）	
Event_Handler	事件处理人	是	VARCHAR（20）	
Event_HandDepart	事件处理部门	是	VARCHAR（20）	
Event_Deal	事件处理描述	否	VARCHAR（200）	
Event_Hand Time	事件处理时间	是	DATETIME（18）	
Entry_ID	工单号	是	VARCHAR（20）	
Memo	备注	否	VARCHAR（200）	

3）用户界面，生产工单暂停用户界面如图6-56所示，异常事件用户界面如图6-57所示。

图6-56　生产工单暂停用户界面

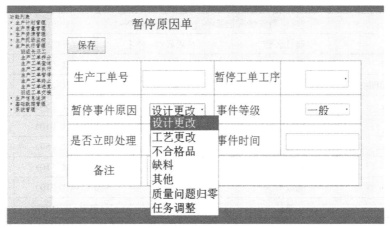

图6-57　异常事件用户界面

（6）异常事件管理

1）功能描述。异常事件在生产工单暂停时录入 MES，主要填报生产工单号、产生事件原因、暂停工单工序、暂停原因、事件等级、是否立即处理、事件时间、录入人员、备注等信息；异常事件查询及统计，根据事件查询条件和统计条件展示事件列表。

2）数据结构，参见"生产执行管理——生产工单暂停——事件原因和事件分类"的数据结构。

3）用户界面如图 6-58 所示。

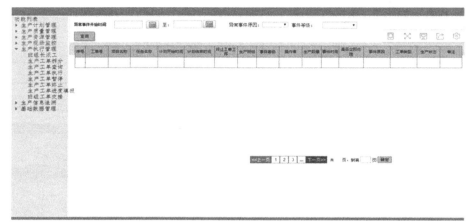

图 6-58　异常数据事件管理界面

（7）特殊情况记录管理

1）功能描述。特殊情况记录单内容的产生有两种：一种是工单暂停时录入暂停原因单后，MES 后台同时产生特殊情况记录信息（序号、依据文件、工作内容、操作者签章）；另一种是 MES 提供单独的录入界面，供质量人员单独录入特殊情况，录入后记录到系统中。MES 在质量跟踪卡操作中提供特殊情况记录单补全的功能，并提供特殊情况记录单查询统计功能。

2）特殊情况记录单见表 6-62。

表 6-62　特殊情况记录单

特殊情况记录单（Manu_SpecialDes）				
属性	属性名称	是否必填	数值类型	描述
SpecialDes_ID	特殊情况记录编号	是	VARCHAR（20）	
SpecialDes_AccordFile	依据文档	是	VARCHAR（20）	
Work_Content	工作内容	是	VARCHAR（50）	
Hander	操作者	是	VARCHAR（10）	
Check_Result	检验结果	是	VARCHAR（50）	
Checker	检验人员	是	VARCHAR（10）	
Complete_Time	完成时间	是	VARCHAR（10）	
Memo	备注	否	VARCHAR（200）	

3）用户界面，如图 6-59 所示。

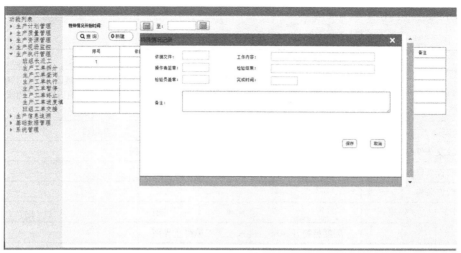

图 6-59 情况记录管理界面

（8）生产工单终止

1）流程及描述。

① 生产工单终止流程图，如图 6-60 所示。

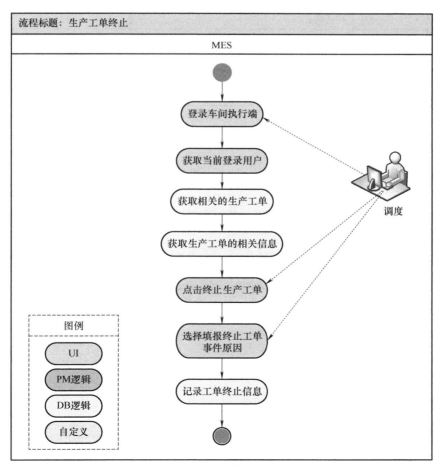

图 6-60 生产工单终止流程图

② 生产工单终止流程描述见表 6-63。

表 6-63　生产工单终止流程描述

编号		3-6	名称		生产工单终止
描述		车间班组员工登录 MES 后，进入工单终止界面，浏览属于自己的生产工单，选择当前需要终止的生产工单并开始终止，MES 停止记录生产工单执行时间，生产工单状态为终止			
发起者		车间调度员	参与者		
触发条件		车间调度员登录 MES，单击"工单终止"按钮			
前置条件					
后置条件					
主干过程	步骤	操作			
	1	调度员打开 MES，进入生产工单终止界面			
	2	选取具体班组，执行生产工单和暂停生产工单，默认查询班组执行和暂停的所有生产工单			
	3	选择当前生产的工单进行终止操作（终止功能），系统记录选择的工单为终止状态工单。设计更改、工艺更改、不合格品、质量问题归零时，同时触发质量跟踪卡和履历书中的特殊情况记录部分信息			
	4	同时在 MES 中弹出终止事件录入界面，选择终止原因并保存（该功能可以与暂停事件一样）			
扩展过程	步骤	操作			
错误异常					
问题		无			

2）数据结构，参见"生产计划管理——生产工单创建"的数据结构，参见"生产执行管理——生产工单暂停"的事件数据结构。

3）用户界面如图 6-61 所示。

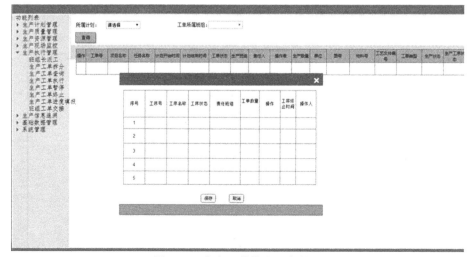

图 6-61　生产工单终止用户界面

（9）生产工单进度填报

1）流程及描述。

① 生产工单进度填报流程图，如图 6-62 所示。

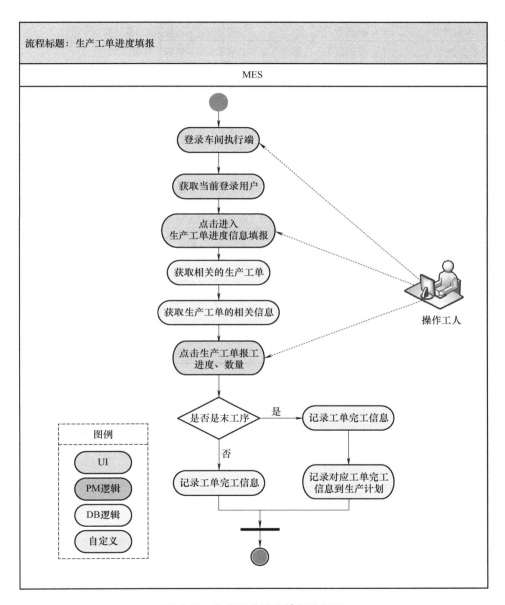

图 6-62　生产工单进度填报流程图

② 生产工单进度填报流程描述见表 6-64。

2）数据结构，参见"生产计划管理——生产工单创建"的数据结构。

3）用户界面，如图 6-63 所示。

表 6-64　生产工单进度填报流程描述

编号		3-7	名称		生产工单进度填报
描述		车间班组员工登录 MES 后，进入生产工单生产进度信息填报界面，浏览属于自己的生产工单，选择当前需要报工的生产工单工序并开始报工，MES 停止记录生产工单执行时间，生产工单的工序状态为完工			
发起者		操作者	参与者		
触发条件		车间操作人员单击"生产工单进度信息填报"按钮。			
前置条件					
后置条件					
主干过程	步骤	操作			
	1	操作工人进入 MES，打开生产工单进度信息填报界面			
	2	系统获取当前登录的用户（操作工人）与当前用户相关的所有执行生产工单，默认为班组员工执行的所有生产工单			
	3	选择当前生产的工单进行完工操作（完工功能），系统记录选择的工单为完工状态工单			
	4	同时在 MES 后台判断该工序是否是生产工单的末工序，末工序记录工单完工信息同时上报给生产计划作累积完工，非末工序只记录到生产工单工序完工信息。在工单完工时，系统自动解除料箱与工单、料箱与物料的绑定关系			
扩展过程	步骤	操作			
错误异常					
问题		无			

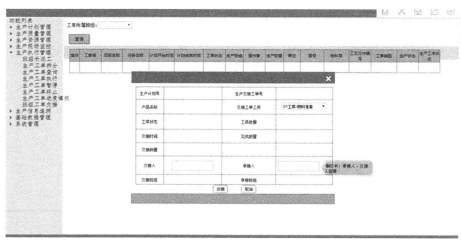

图 6-63　班组工单交接用户界面

（10）班组工单交接

1）流程及描述。

① 班组长工单交接流程图如图 6-64 所示。

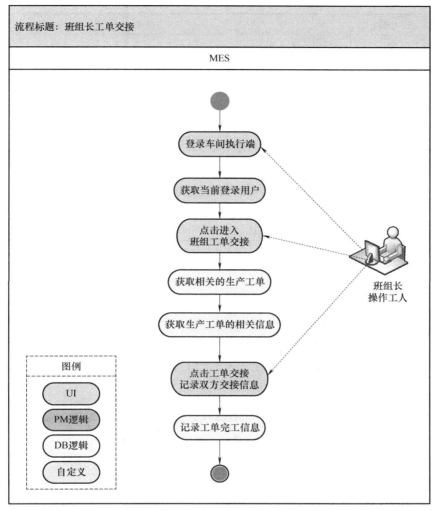

流程标题：班组长工单交接

MES

登录车间执行端

获取当前登录用户

点击进入
班组工单交接

获取相关的生产工单

获取生产工单的相关信息

点击工单交接
记录双方交接信息

记录工单完工信息

班组长
操作工人

图例

UI

PM逻辑

DB逻辑

自定义

图6-64　班组长工单交接流程图

② 班组长工单交接流程描述见表6-65。

表6-65　班组长工单交接流程描述

编号	3-8	名称	班组长工单交接
描述	车间班组长登录MES后，进入班组工单交接界面，浏览属于自己的生产工单，选择当前需要班组工单交接的生产工单，请承接人同时在MES中确定承接人并刷卡记录承接人，保证信息和实物一致，开始交接，生产工单状态为已交接		
发起者	班组长	参与者	
触发条件	班组长、操作工人登录系统，单击"班组长工单交接"按钮		
前置条件	记录班组间工单交接记录（工单号、交接时间、交接班组、交接人、承接班组、承接人、数量等）		
后置条件			

（续）

	步骤	操作
主干过程	1	班组长登录 MES
	2	进入 MES，打开班组长工单交接界面
	3	系统获取当前登录的用户（班组长）
	4	获取与当前用户相关的所有满足班组交接生产工单，默认为班组员工最近完工的生产工单
	5	获取这些工单的相关信息，包括生产状态、计划信息、实际执行信息等
	6	系统显示这些生产任务及其相关信息
	7	选择当前需要交接的完工生产工单进行班组交接操作，交接双方需要在该页面确定信息和实物一致方可交接，系统记录选择的工单详细信息保存在交接信息表中
	8	系统记录交接信息
扩展过程	步骤	操作
错误异常		
问题		无

2）数据结构，参见"生产计划管理——生产工单创建"的数据结构。

3）用户界面如图 6-65 所示。

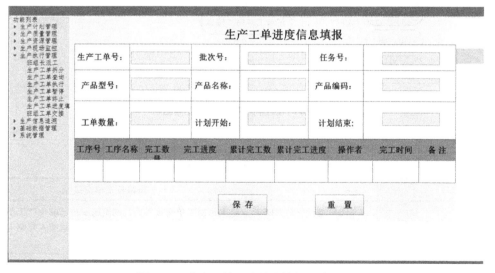

图 6-65　生产工单进度信息填报用户界面

（11）生产工单查询

1）流程及描述。

① 生产工单查询流程图，如图 6-66 所示。

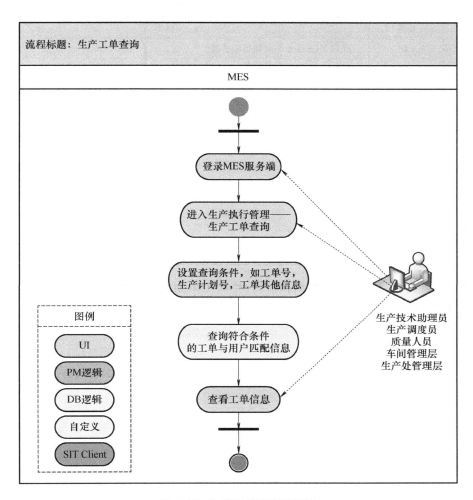

图6-66 生产工单查询流程图

② 生产工单查询流程描述见表6-66。

表6-66 生产工单查询流程描述

编号	3-9	名称	生产工单查询	
描述	车间班组员工登录MES后，进入生产工单查询界面，设置查询条件，查询匹配条件的生产工单			
发起者	生产技术助理员、生产调度员、质量人员、车间管理层、生产处管理层	参与者		
触发条件	MES用户登录系统，单击"生产工单查询"按钮			
前置条件	车间调度已接收生产工单，生产工单下发状态			
后置条件				

（续）

	步骤	操作
主干过程	1	登录 MES 或者车间执行端系统
	2	打开生产工单查询界面
	3	系统获取当前登录的用户信息
	4	设置查询生产工单的条件，获取匹配查询条件的生产工单
	5	获取工单的相关信息，包括生产状态、计划信息、实际执行信息等
	6	系统显示工单及其相关信息，包括工单生产信息、完成信息、交接信息
扩展过程	步骤	操作
错误异常		
问题		无

2）数据结构，参见"生产计划管理——生产工单创建"的数据结构。

3）用户界面如图 6-67 所示。

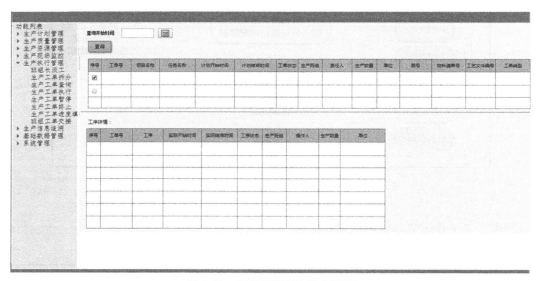

图 6-67　生产工单查询用户界面

4. 生产现场监控

（1）用户需求与模块功能对照　业务需求与模块功能说明见表 6-67。

表 6-67　业务需求与模块功能说明

编　号	系 统 功 能	业务需求
4-1	生产任务监控	
4-2	生产工单监控	生产进度监控
4-3	员工工单查询	

（2）生产任务监控

1）流程及描述。

① 生产任务监控流程图，如图 6-68 所示。

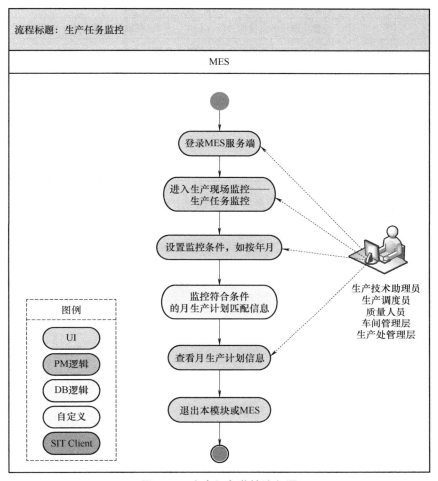

图 6-68　生产任务监控流程图

② 生产任务监控流程描述见表 6-68。

表 6-68　生产任务监控流程描述

编号	4-1	名称	生产任务监控
描述	通过多项目中的生产综合计划，开始依据月度监控生产任务，监控具体任务的当前任务状态和执行信息、生产任务当前完成情况、生产任务的进展情况，包括计划开始时间、计划完工时间、生产数量、实际开始情况、实际完工情况等		
发起者	生产处管理人员、车间管理人员、生产技术助理员、调度员	参与者	
触发条件			
前置条件	车间生产技术助理员已接收多项目中的生产综合计划		
后置条件			

（续）

	步骤	操作
主干过程	1	有权限的用户登录 MES
	2	打开生产现场监控→生产任务监控界面
	3	设置生产任务监控的条件（如年、月），获取匹配监控条件的所有生产任务
	4	获取生产任务的相关信息，包括生产任务详细信息（生产任务号、任务状态、计划信息、实际执行信息等）
扩展过程	步骤	操作
错误异常		
问题		无

2）数据结构，参见"生产计划管理"的数据结构。

3）用户界面如图 6-69 所示。

图 6-69　生产任务监控用户界面

（3）生产工单监控

1）流程及描述。

① 生产工单监控流程图如图 6-70 所示。

② 生产工单监控流程描述见表 6-69。

表 6-69　生产工单监控流程描述

编号	4-2		名称	生产工单监控
描述	生产工单监控，监控具体工单号的当前工单状态、执行信息、完成情况、工单进展情况、工单计划开工时间、计划完工时间、工单数量、实际开始时间、实际完工情况等			
发起者	生产技术助理员、生产调度员、班组长、质量人员、车间管理层		参与者	
触发条件				
前置条件	车间调度员已接收多项目中的生产工单			
后置条件				

（续）

	步骤	操作
主干过程	1	权限用户登录 MES
	2	打开生产现场监控→生产工单监控界面
	3	设置生产工单监控的条件（如年、月、工单人员），获取匹配监控条件的所有生产工单信息
	4	获取生产工单的相关信息，包括生产工单所属生产任务详细信息（生产任务号、任务状态、计划信息、实际执行信息等）
扩展过程	步骤	操作
错误异常		
问题		无

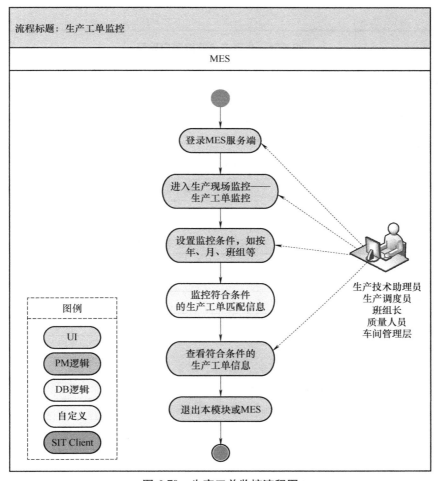

图 6-70 生产工单监控流程图

2）数据结构，参见"生产计划管理——生产工单创建"的数据结构。

3）用户界面如图 6-71 所示。

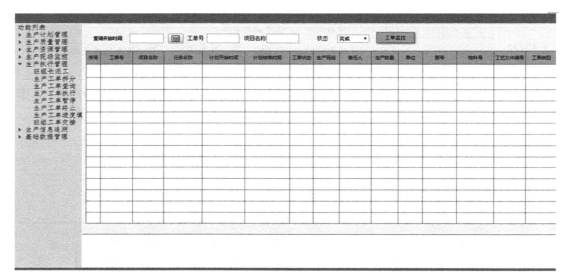

图 6-71 生产工单监控用户界面

（4）员工工单查询

1）流程及描述。

① 员工工单查询流程图如图 6-72 所示。

② 员工工单查询流程描述见表 6-70。

表 6-70 员工工单查询流程描述

编号	4-3		名称	员工工单查询
描述	员工工单查询，MES 查询具体工人在当前一定时间内的生产工单，包括工人的工单具体状态、执行信息、完成情况、工单进展情况、工单计划开工时间、计划完工时间、工单数量、实际开始时间、实际完工情况等；同时关联相关的生产计划信息			
发起者	生产技术助理员、生产调度员、班组长、质量人员、车间管理层、车间操作工人		参与者	
触发条件				
前置条件				
后置条件				
主干过程	步骤	操作		
	1	权限用户登录 MES		
	2	打开生产现场监控→员工工单查询界面		
	3	设置员工工单查询的条件（如班组、工人等），获取匹配条件的所有生产工单信息		
	4	获取生产工单的相关信息，包括生产工单所属生产任务详细信息（生产任务号、任务状态、计划信息、实际执行信息等）		

（续）

扩展过程	步骤	操作
错误异常		
	问题	无

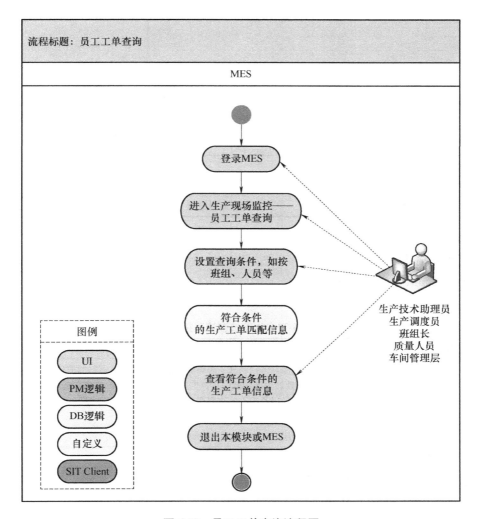

图6-72 员工工单查询流程图

2）数据结构，参见"生产计划管理——生产工单创建"的数据结构。

3）用户界面，如图6-73所示。

5. 生产信息追溯

（1）用户需求与模块功能对照　业务需求与模块功能见表6-71。

工单执行时间：[   ] 与计划偏差时间：[   ]

序号	工单号	项目名称	任务名称	计划开始时间	计划结束时间	工单状态	生产班组	责任人	生产数量	单位	图号	物料号	工艺文件编号	工单类型
☐														
☐														
☐														

工序详情：

序号	工单号	工序	实际开始时间	实际结束时间	工序状态	生产班组	操作人	生产数量	单位

图 6-73　员工工单查询用户界面

表 6-71　业务需求与模块功能

编　　号	系 统 功 能	业 务 需 求
5-1	物料追溯	物料追溯
5-2	成品追溯	
5-3	质量追溯	质量追溯

（2）物料追溯（正向）

1）流程及描述。

① 物料追溯流程图如图 6-74 所示。

② 物料追溯流程描述见表 6-72。

表 6-72　物料追溯流程描述

编号	5-1	名称	物料追溯	
描述	物料追溯，追溯具体物料唯一编码的当前物料信息（物料的原厂信息、批次号、型号等）、物料所处的生产任务信息、生产工单信息、生产工序信息、物料所处的位置、物料的用料信息，以及相关的物料产生的质量信息、物流信息			
发起者	物料保障组、调度员、班组长、车间管理层、生产管理层	参与者		
触发条件				
前置条件	物料保障组已经开始该物料的生产准备工作（领料、发料），生产工单开始领料运行生产			
后置条件				
主干过程	步骤	操作		
	1	权限用户登录 MES		
	2	打开生产信息追溯→物料追溯界面		
	3	设置物料追溯的条件（如物料编码、物料的原厂信息、批次号、型号等）		
	4	获取匹配物料追溯条件的所有物料信息、物料相关的生产计划信息、生产工单信息等		

（续）

扩展过程	步骤	操作
错误异常		
问题		无

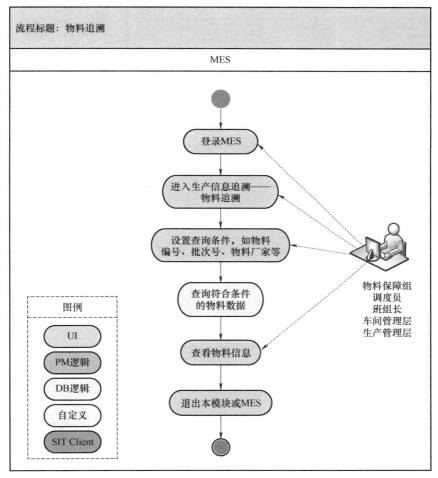

图 **6-74** 物料追溯流程图

2）数据结构，参见"生产计划管理——生产工单创建"的数据结构和"生产资源管理——物料配置数据维护"的数据结构。

3）用户界面如图 6-75 所示。

（3）成品追溯（逆向）

1）流程及描述。

① 成品追溯流程图如图 6-76 所示。

② 成品追溯流程描述见表 6-73。

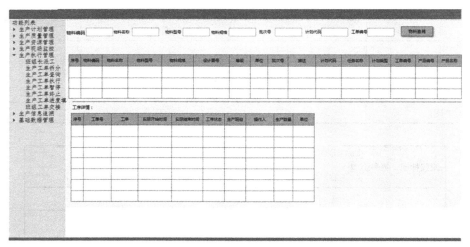

图 6-75　物料追溯用户界面

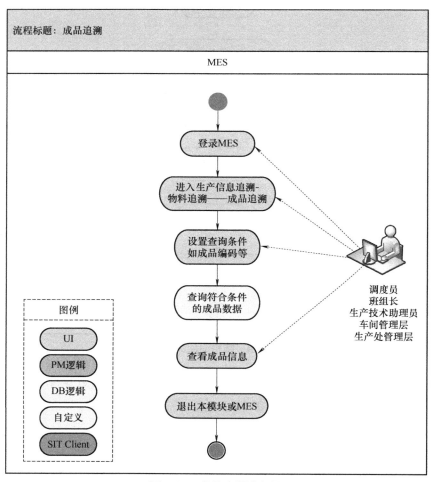

图 6-76　成品追溯流程图

表 6-73　成品追溯流程描述

编号		5-2	名称		成品追溯
描述		成品追溯，追溯具体成品唯一编码的成品信息，包括成品的物料信息、组件信息、成品任务信息、成品的生产工单信息			
发起者		调度员、班组长、生产技术助理员、车间管理层、生产处管理层	参与者		
触发条件					
前置条件		车间完成已成品生产过程，且存在成品编码（唯一）			
后置条件					
主干过程	步骤	操作			
	1	权限用户登录 MES			
	2	打开生产信息追溯→物料追溯→成品追溯界面			
	3	设置成品追溯的条件（如成品编码）			
	4	获取匹配成品追溯条件的所有物料信息、组件信息、生产计划信息、生产工单信息等			
扩展过程	步骤	操作			
错误异常					
问题		无			

2）数据结构，参见"生产计划管理——生产工单创建"的数据结构和"生产资源管理——物料配置数据维护"的数据结构。

3）用户界面如图6-77所示。

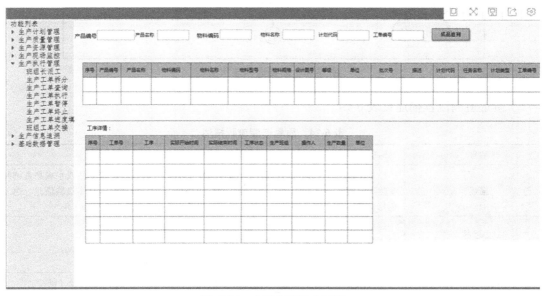

图 6-77　成品追溯用户界面

（4）质量追溯

1）流程及描述。

① 质量追溯流程图如图 6-78 所示。

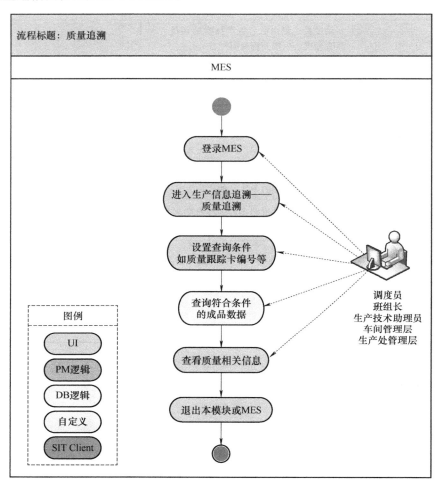

图 6-78　质量追溯流程图

② 质量追溯流程描述见表 6-74。

表 6-74　质量追溯流程描述

编号	5-3		名称	质量追溯
描述	质量追溯可追溯具体质量跟踪卡编号的质量信息，也可以依据成品或半成品查询整个生产过程的质量信息（生产过程的检验合格信息、关联检验时具体检验信息、返工返修信息、不合格品信息、产品合格证，以及相关质量处理流程信息）			
发起者	调度员、班组长、生产技术助理员、质量人员、车间管理层、生产处管理层		参与者	
触发条件				
前置条件	车间完成成品生产过程中质量跟踪卡的填写，且存在质量跟踪卡编号（唯一）			
后置条件				

（续）

	步骤	操作
主干过程	1	权限用户登录 MES
	2	进入 MES 后打开生产信息追溯→质量追溯界面
	3	设置质量追溯的条件（如质量跟踪卡编码）
	4	获取匹配质量追溯条件的所有质量信息（具体生产工单质量自检信息、专检信息、互检信息、特检信息、返工返修信息、合格证信息、检验内容关联信息等）
扩展过程	步骤	操作
错误异常		
问题		无

2）数据结构，参见"生产计划管理——基础数据配置"的数据结构、"质量管理——质量跟踪卡"的数据结构和"质量管理——合格证"的数据结构。

3）用户界面如图 6-79 所示。

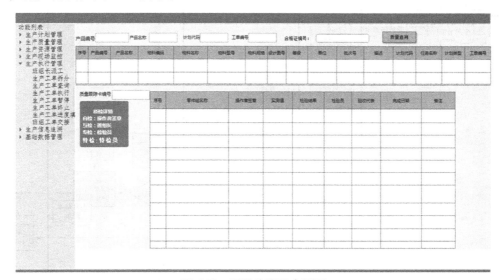

图 6-79 质量追溯用户界面

6. 生产质量管理

（1）用户需求与模块功能对照

1）用户需求与模块功能对照。业务需求与系统功能见表 6-75。

表 6-75 业务需求与系统功能

编 号	系 统 功 能	业 务 需 求
6-1	质量跟踪卡管理	质量跟踪卡管理
6-2	质量检验录入	车间现场检验记录

（续）

编　号	系　统　功　能	业　务　需　求
6-3	多媒体记录采集	多媒体记录采集
6-4	产品质量履历管理	产品质量履历管理
6-5	合格证管理	合格证管理
6-6	不合格品审理单管理	不合格审理单管理
6-7	质量信息监控	质量信息监控
6-8	质量数据查询	质量数据查询
6-9	产品说明书	产品说明书管理

2）业务流程图如图 6-80 所示。

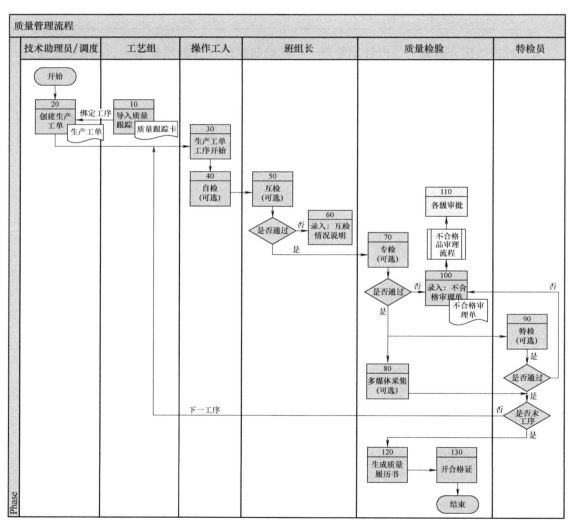

图 6-80　业务流程图

业务处理描述见表6-76。

表 6-76 业务处理描述

序号	处理业务	业务描述
10	导入质量跟踪卡	工艺人员对应生产计划导入对应质量跟踪卡
20	创建生产工单	车间生产技术助理员依据 MES 接收到的生产综合计划,创建生产工单信息(工单号、项目名称、产品代号、任务名称、计划开始时间、计划结束时间、工单状态、生产班组、责任人、生产数量、单位、图号、配套明细表编号、工艺文件编号、计划代码、工单类型、生产方式)
30	生产工单工序开始	车间操作工人进入系统中单击"生产工单工序"
40	自检	车间班组员工登录 MES,进入生产工单自检界面,填写自检信息(自检签字、自检时间),单击保存后,MES 记录生产工单自检信息
50	互检	车间班组长或指定的互检人员登录 MES,进入生产工单互检界面,填写互检信息(互检签字、互检说明、互检时间),单击保存后,MES 记录生产工单互检信息
60	录入:互检情况说明	录入互检质量情况说明
70	专检	质量检验员登录 MES,进入生产工单专检界面,填写专检信息(专检签字、检测值、实际值、专检时间),单击保存后,MES 记录到生产工单专检信息
80	多媒体采集	质量检验员在车间现场登录 MES,进入生产工单多媒体采集界面(生产工单提前预设多媒体记录环节),当执行到此环节时,由操作者接收任务并使用 MES 相连的图片采集设备进行多媒体记录(记录图数量可以控制),记录自动录入系统
90	特检	车间班组员工登录 MES,进入生产工单特检界面,填写特检信息(特检签字、特检时间),单击保存后,MES 记录生产工单特检信息
100	不合格品审理单	当生产工单在做质量检验的专检/特检,发现不合格品时,质量检验人员需登录 MES,进入不合格审理单界面,填写相关的不合格审理单信息,保存并提交到服务端,走不合格审理流程
110	不合格审理流程	MES 依据不合格品审理流程:①主管技术人员进行原因分析和纠正措施的提议,并签字记录时间;②责任单位领导审核,系统记录责任单位领导审核意见和审核时间;③常务审理员审核,系统记录常务审理员审理意见、签字和审理时间;④不合格品审理委员会审核,系统记录不合格品审理委员会审理意见、签字和审理时间;⑤验收代表意见,系统记录验收代表意见、签字和审理时间;⑥检验员验证,系统记录返工、返修,以及退回供方的结果验证,签字和验证时间
120	生成质量履历书	生产工单完工后,由质量人员进入 MES 生成质量履历书
130	开合格证	生产工单完工后,由质量人员确定质量合格,进入 MES 填写并开具合格证

(2)质量跟踪卡管理

1)流程及描述。

① 质量跟踪卡管理流程图如图 6-81 所示。

② 质量跟踪卡管理流程描述见表 6-77。

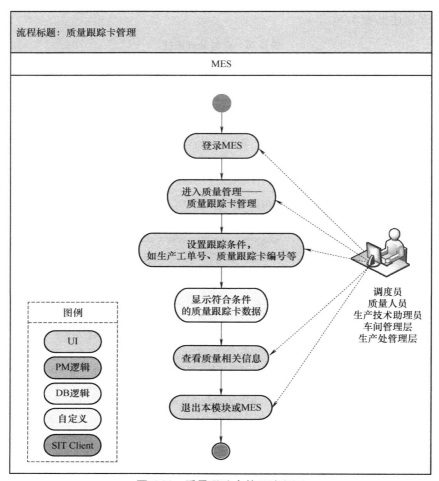

图 6-81　质量跟踪卡管理流程图

表 6-77　质量跟踪卡管理流程描述

编号	6-1		名称	质量跟踪卡管理
描述	质量跟踪卡，质量跟踪卡信息（任务号、生产工单号、产品代号、零部组件代号、零部组件名称、工艺文件编号、批编号、工种、数量等），现场生产过程中每道工序的质量检验情况，包括自检、互检、专检、特检，涵盖检验值和多媒体照片记录等			
发起者	调度员、质量人员、生产技术助理员、车间管理层、生产处管理层		参与者	
触发条件				
前置条件	生产工单和质量跟踪卡绑定（绑定到具体的工序）			
后置条件				
主干过程	步骤	操作		
	1	权限用户登录 MES		
	2	进入 MES 后，打开质量管理→质量跟踪卡管理界面		
	3	设置显示质量跟踪卡的条件（如任务号、生产工单号等）		
	4	获取匹配质量跟踪卡条件的所有质量跟踪卡信息等		

（续）

扩展过程	步骤	操作
错误异常		
问题		无

2）质量跟踪卡相关数据见表6-78。

表6-78 质量跟踪卡相关数据

质量跟踪卡（Quality_TrackCard）		SFTDMESDB（自定义库）		
字段（英）	字段（中）	是否必填	类型长度	描述
ID	自增长序号	是	Int	
TCard_Code	质量跟踪卡编码	是	VARCHAR（50）	主键
Pruduct_Mark	产品代号	是	VARCHAR（200）	
Device_Mark	零组件代号	是	VARCHAR（200）	
Device_Name	零组件名称	是	VARCHAR（100）	
ProcessDoc_Code	工艺文档编号	是	VARCHAR（50）	
Plan_Code	生产任务号	是	VARCHAR（50）	
Entry_ID	生产工单号	是	VARCHAR（20）	
Lot	批编号	是	VARCHAR（50）	
Profession	种类	是	VARCHAR（20）	
Number	数量	是	Int	
Status	状态	是	VARCHAR（20）	1新建、2绑定、3自检、4互检、5专检、6特检
TCard_Content	工序内容	否	VARCHAR（200）	
TCard_SeqNumber	工序号	是	VARCHAR（50）	
Hander	自检人	是	VARCHAR（50）	
Hander_Time	自检时间	是	Datetime	
Mutual_Person	互检人	是	VARCHAR（50）	
Mutual_Time	互检时间	是	Datetime	
Mutual_Hours	互检工时	是	Int	
Mutual_Memo	互检备注	否	VARCHAR（200）	
Media_No	介质编号	是	VARCHAR（40）	
Checker	专检人	是	VARCHAR（50）	

（续）

质量跟踪卡（Quality_TrackCard）		SFTDMESDB（自定义库）		
字段（英）	字段（中）	是否必填	类型长度	描述
Check_Time	专检时间	是	Datetime	
Measured_Value	实测值	是	Float	
Check_Result	检验结果	是	VARCHAR（50）	
Accept_Person	验收代表	是	VARCHAR（50）	
Target_Date	完成日期	是	Datetime	
Memo	备注	否	VARCHAR（200）	

3）用户界面如图 6-82 所示。

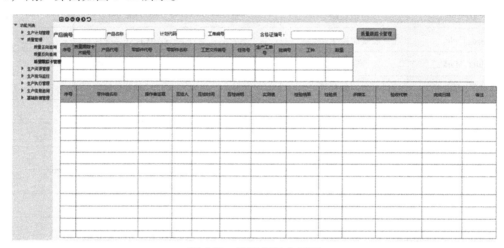

图 6-82　质量跟踪卡界面

（3）质量检验录入

1）流程及描述。

① 质量检验录入流程图如图 6-83 所示。

② 质量检验录入流程描述见表 6-79。

表 6-79　质量检验录入流程描述

编号	6-2	名称	质量检验录入
描述	质量跟踪卡录入，现场生产过程中每道工序的质量检验情况，包括：自检、互检、专检、特检，涵盖检验值（以介质存储，MES 中存储相关介质编号）和多媒体照片记录等		
发起者	操作者、互检人员（班组长、固定互检人员）、质量检验人员、特检员	参与者	
触发条件			
前置条件	生产工单和质量跟踪卡绑定（绑定到具体的工序）		
后置条件			

（续）

	步骤	操作
主干过程	1	权限用户登录 MES
	2	进入 MES，打开质量管理→质量跟踪卡自检录入（互检、专检、特检）界面
	3	录入对应的值自检信息、互检信息、专检信息、特检信息，包括：检验值和多媒体信息
	4	保存完成后退出
	步骤	操作
扩展过程	1	如果特检不进入系统录入信息，可以考虑走线下签字后，使用多媒体摄像头扫描记录到系统中
错误异常		
问题		无

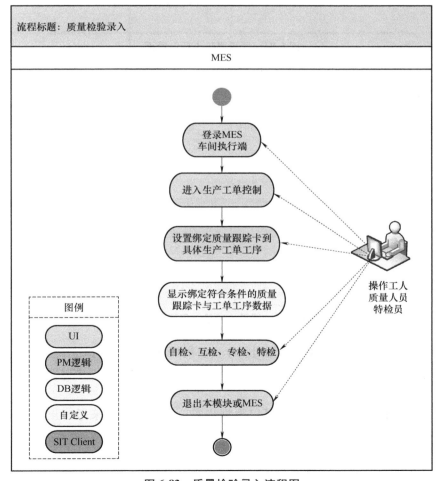

图 6-83　质量检验录入流程图

2）数据结构，参见"质量管理——质量跟踪卡管理"的数据结构。

3）用户界面。先绑定工单，后进入录入界面，选择录入信息的检验点。自检录入，根据操作者登录后过滤出属于自己的操作工单，选择进入自检页面，分别如图6-84、图6-85所示。

图6-84　质量跟踪卡录入界面

图6-85　质量检验录入界面（一）

互检录入，根据操作者登录后过滤出属于自己的操作工单，选择进入互检页面，但需要提前配置工序互检人员；另外互检人员登录系统后可以根据班组、互检工序操作人来过滤出工单进行互检操作，如图6-86所示。

专检录入，专检人员登录系统后可以根据班组、工序操作人来过滤出工单进行专检操作；选择进行多媒体采集操作；如果专检不合格，则需要对应产生并录入不合格审理单，提前进入BPM系统走处理流程，如图6-87所示。

特检录入，MES支持特检员走系统内部录入特检相关内容；同时支持特检员走线下处理后通过多媒体拍照后关联到对应特检项，如图6-88所示。

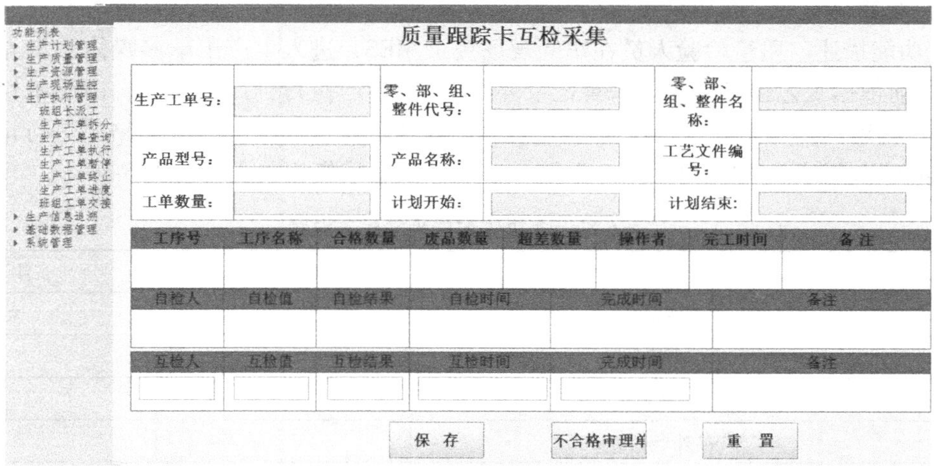

图 6-86 质量检验录入界面（二）

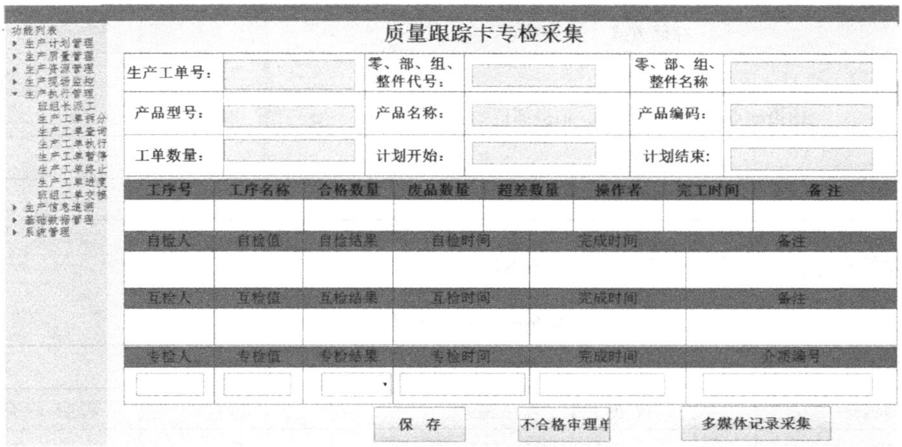

图 6-87 质量检验录入界面（三）

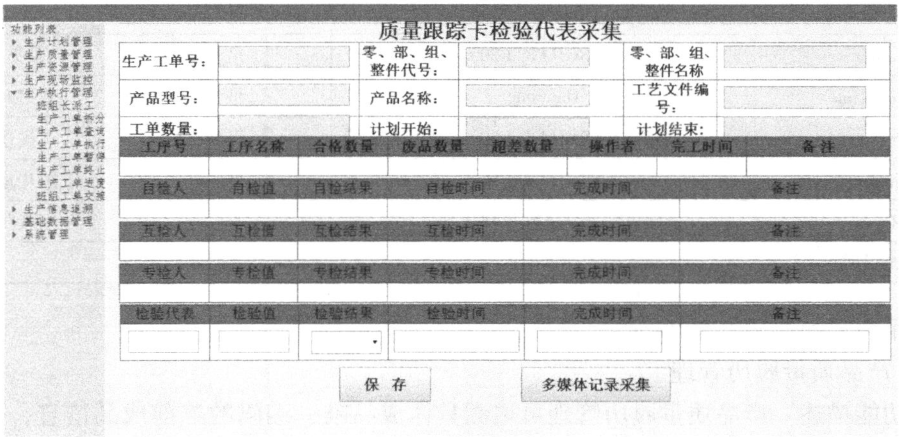

图 6-88 质量检验录入界面（四）

（4）多媒体记录采集

1）功能描述。质量检验人员在车间现场登录 MES，进入生产工单多媒体采集界面（生产工单提前依据工艺预设多媒体采集记录环节），当生产执行到此环节时，由质量检验人员使用 MES 相连的图片采集设备在 MES 中进行多媒体记录（系统以图片的格式进行记录，记录图数量可以控制），记录自动录入系统，多媒体数据采集相关说明见表 6-80。

表 6-80　多媒体数据采集相关说明

序号	内　　容	说　　明	备注
1	品牌		
2	型号		
3	产品特点		
4	产品外形（例）		
5	摄像头放置位置		
6	摄像头如何移动及操作		
7	存储方式		
8	存储量		
9	拍摄地点、摄像头支架、拍摄部位		
10	摄像头微调		
11	备注		

2）数据结构，相关数据说明见表 6-81。

表 6-81　合格证管理表

表名	Quality_Certificate 合格证管理		
列名	数据类型（精度范围）	必填	说明（约束条件）
ID	VARCHAR（50）	是	ID
Entry_ID	VARCHAR（50）	是	生产工单号
Entry_Number	VARCHAR（50）	是	生产工序
Gather	VARCHAR（20）	是	采集人
Gather_Time	Datetime	是	采集时间
Depict	VARCHAR（50）	否	描述
Picture	VARCHAR（50）	是	图片地址
Memo	VARCHAR（200）	否	备注
补充说明			

3）用户界面如图 6-89 所示。

（5）产品质量履历管理

1）功能描述。产品质量履历管理可追溯具体成品唯一编码的当前成品信息，包括成品的物料信息、成品质量检验信息。MES 提供已有的数据，同时生成符合规定的模板数据，依据二维码生产规则生成二维码，系统按设置的规则自动生成文件编码。

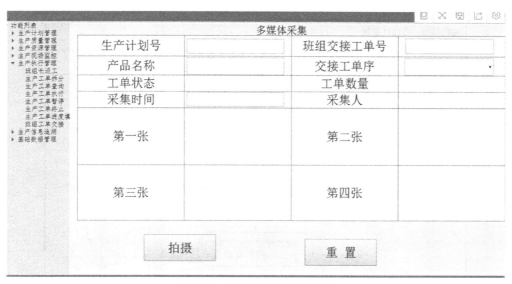

图 6-89 多媒体记录采集界面

2）数据结构，参见"生产计划管理——生产工单创建"的数据结构、"质量管理——质量跟踪卡"的数据结构、"质量管理——合格证"的数据结构、"生产资源管理——基础数据配置"的数据结构和"生产资源管理——制造 BOM 管理"的数据结构。

3）用户界面如图 6-90 所示。

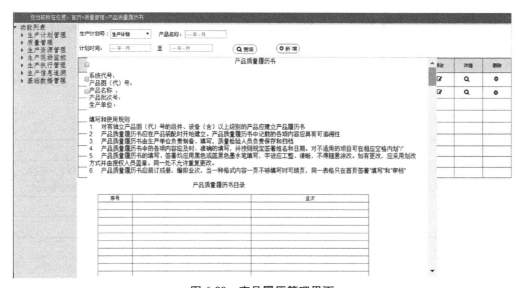

图 6-90 产品履历管理界面

（6）合格证管理

1）流程及描述。

① 合格证管理流程图，如图 6-91 所示。

② 合格证管理流程描述见表 6-82。

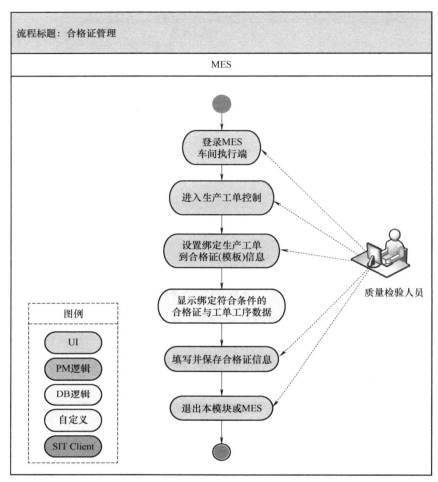

图 6-91　合格证管理流程图

表 6-82　合格证管理流程描述

编号	6-5	名称	合格证管理
描述	合格证录入，现场生产过程最后工序的质量检验完成后，包括自检、互检、专检、特检，涵盖检验值和多媒体照片记录等，由质量检验人员开具该产品合格证		
发起者	质量检验人员	参与者	
触发条件			
前置条件	生产工单/质量跟踪卡绑定且完成最后工序		
后置条件			
主干过程	步骤	操作	
	1	质量检验人员登录 MES	
	2	打开合格证管理→合格证录入界面	
	3	录入对应的合格证信息	
	4	保存完成后退出	

（续）

扩展过程	步骤	操作
	1	是否考虑在线打印合格证信息；可生成二维码
错误异常		
	问题	无

2）数据结构见表6-83。

表6-83 合格证管理相关说明

表名	Quality_Certificate 合格证管理		
列名	数据类型（精度范围）	是否必填	说明（约束条件）
Certificate_ID	VARCHAR2（50）	是	主键ID号
Certificate_PNumber	VARCHAR2（50）	是	合格证编号
Certificate_Code	VARCHAR2（50）	是	合格证条码
Product_Module	VARCHAR2（50）	是	产品型号
Part_Drawno	VARCHAR2（50）	是	零件图号
Part_Name	VARCHAR2（50）	是	零件名称
Lot	VARCHAR2（50）	是	批次号
Certificate_Num	INT	是	数量
Units	VARCHAR2（50）	是	计量单位
RouteCard_ID	VARCHAR2（10）	是	路线卡片ID
Create_Date	VARCHAR2（50）	是	生产合格证的录入时间
Memo	VARCHAR2（200）	否	备注
补充说明			

3）用户界面，如图6-92和图6-93所示。

图6-92 合格证管理界面（一）

图 6-93　合格证管理界面（二）

注意：正式上线的服务端还具有合格证查询功能。

（7）不合格品审理单管理

1）流程及描述。

① 不合格品审理单录入和审核流程图如图 6-94 和图 6-95 所示。

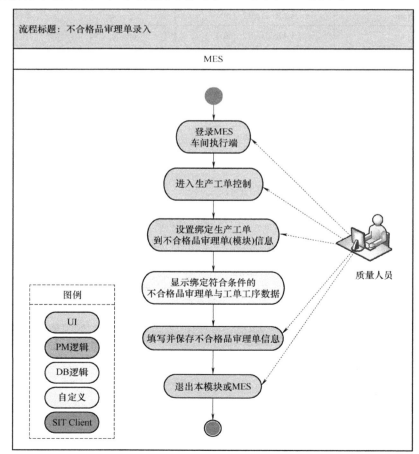

图 6-94　不合格品审理单录入流程

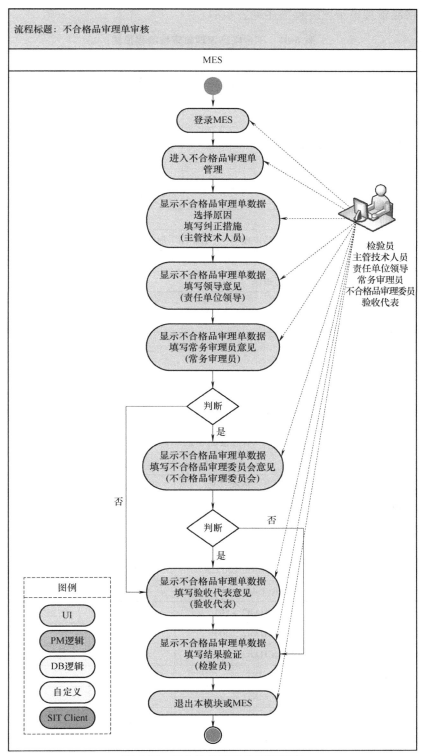

图6-95 不合格品审理单审核流程

② 不合格品审理单审核流程描述见表 6-84。

表 6-84　不合格品审理单审核流程描述

编号		6-6	名称		不合格品审理单管理
描述		不合格品审理单录入，现场生产过程工序的质量检验不合格时，由车间现场质量人员开具该产品的不合格品审理单；提交到 BPM，走不合格品审理流程			
发起者		质量检验人员		参与者	
触发条件					
前置条件		生产工单 \ 质量跟踪卡绑定且正常执行中			
后置条件					
主干过程	步骤	操作			
	1	登录 MES			
	2	打开不合格品审理单→不合格品审理单录入界面			
	3	录入对应的不合格品审理单信息			
	4	保存完成后退出			
扩展过程	步骤	操作			
错误异常					
问题		无			

2）数据结构，相关数据说明见表 6-85~表 6-87。

表 6-85　不合格品审理单管理说明

表名	Quality_Reject 不合格品审理单管理		
列名	数据类型（精度范围）	是否必填	说明（约束条件）
Reject_ID	VARCHAR2（50）	是	主键 ID 号
Reject_PNumber	VARCHAR2（50）	是	合格证编号
Product_Name	VARCHAR2（50）	是	产品名称
Plan_Code	VARCHAR（50）	是	生产任务号
Entry_ID	VARCHAR（20）	是	生产工单号
Product_Module	VARCHAR2（50）	是	产品型号
Product_Mark	VARCHAR2（50）	是	产品代号
Product_Code	VARCHAR2（50）	是	产品编号
Product_Num	INT	是	总数量
Reject_Num	INT	是	不合格数量
RouteCard_No	VARCHAR2（10）	是	路线卡片工序
Reject_Class	VARCHAR2（10）	是	产品类型
Create_Date	DateTime	是	录入时间
Reject_Depict	VARCHAR2（200）	否	不合格品描述

（续）

表名	Quality_Reject 不合格品审理单管理		
列名	数据类型（精度范围）	是否必填	说明（约束条件）
Checker	VARCHAR2（50）	是	检验人员
Memo	VARCHAR2（200）	否	备注
补充说明			

表 6-86 不合格品原因说明

表名	Quality_RejectReason 不合格品原因		
列名	数据类型（精度范围）	是否必填	说明（约束条件）
Reason_ID	VARCHAR2（50）	是	主键 ID 号
Reject_ID	VARCHAR2（50）	是	不合格品审理单 ID
Reason_Class	VARCHAR2（50）	是	类型：外包质量处理意见、自制产品处理意见、废品处理方式、原因分类、其他
Reason_Content	VARCHAR2（50）	是	原因内容
IsCorrect	VARCHAR2（50）	否	是否纠正
Conrrect_Contenet	VARCHAR2（50）	否	纠正内容
Technology_Person	VARCHAR2（50）	是	技术人员
Sign_Time	DateTime	是	签字时间
Memo	VARCHAR2（200）	否	备注
补充说明			

表 6-87 不合格品审核表

表名	Quality_RejectAudit 不合格品审核表		
列名	数据类型（精度范围）	是否必填	说明（约束条件）
RejectAudit_ID	VARCHAR2（50）	是	主键 ID 号
Reject_ID	VARCHAR2（50）	是	不合格审理单 ID
Checker	VARCHAR2（50）	是	审核人
State	VARCHAR2（10）	是	审核状态
Sign	VARCHAR2（50）	是	审核签字
Sign_Time	VARCHAR2（50）	是	审核时间
Memo	VARCHAR2（200）	否	备注
补充说明			

3）用户界面如图 6-96 所示。

（8）质量信息监控

1）功能描述。MES 实时监控生产过程中的质量信息，包括质量检验（自检、互检、专检、特检不合格品审理）数据、成品率、废品率、返工返修处理情况、质量问题处理情况等，MES 将管理检验结果信息并关联具体的测试数据备份介质编号。

图 6-96 不合格品审理单管理界面

2）数据结构。参见"质量管理——质量跟踪卡管理""质量管理——多媒体记录采集"和"质量管理——不合格审理单管理"的数据结构。

3）用户界面如图 6-97 所示。

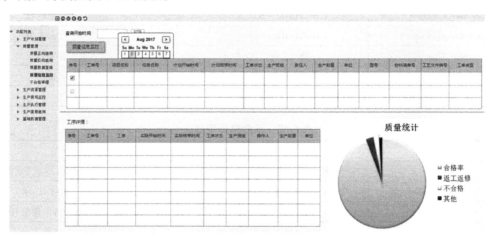

图 6-97 质量信息监控界面

（9）质量数据查询

1）功能描述。MES 质量数据查询能够按照产品编号、质量跟踪卡编号、生产工单的质量检测工位，提供质量数据（自检、互检、专检、特检测试数据介质编号，不合格品审理单，多媒体记录）的查询和统计，显示某一时间段某工位的所有当前和历史的质量检测任务，以及相应的检测结果。MES 可以将产品序列号与试验数据的文件编号相关联，方便按照产品序列号查询历史试验数据，以便定位和分析质量问题。

2）数据结构。参见"质量管理——质量跟踪卡管理""质量管理——多媒体记录采集"和"质量管理——不合格审理单管理"的数据结构。

3）用户界面如图 6-98 所示。

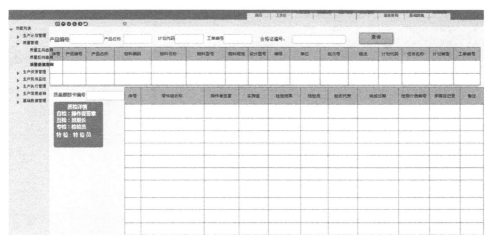

图 6-98 质量数据查询界面

（10）产品证明书

1）功能描述。系统依据产品分类，结构化模板后生成产品证明书明细页，MES 可以提供产品证明书封面（共页、产品代码、产品名称、出厂编号、研制阶段、生产单位、出厂日期）、封面二维码（见附录：二维码编码，文件编码系统按设置的规则自动生成）、产品配套表（序号、产品名称、代号、出厂编号、软件版本、生产单位、备注）。

设计提供测试产品仪器（设备）清单（序号、仪器或设备的型号、规格、备注）、产品技术性能测试记录（序号、检验项目或参数、技术要求、检验结果、备注、测试单位、测试者）、随机文件、资料清单（序号、名称、代号、份数、备注）。

其他由 MES 生成的空白模板：包括产品证明书的填写及使用规则、目录（序号、名称、页次）、产品合格结论（序号、产品名称、代码、出厂编号、软件版本、生产单位、备注）、随机备件、附件、工具清单（序号、名称、代号、使用处、存放处、数量、备注）、通电时间记录（序号、工作起止时间、温度、相对湿度、工作情况、本次通电时间、累计通电时间、操作者、检查者）、维修记录（序号、日期、维修或保养情况、单位、维修者）、软件灌装升级记录（日期、软件版本、检验和、长度、固化结果、操作者、检验员）、交接记录（交接日期、交接依据、交接说明、交出单位、交接承办人、接收单位、接收承办人）、特殊记载。

2）用户界面如图 6-99 所示。

7. 数据报表与看板管理

MES 有专门的 UI 查询界面，用户选择查询条件，MES 自动统计汇总数据，可在 Web 界面展示，也可以 PDF、Excel 格式导出。系统提供表格类明细报表、汇总类统计报表，统计类报表可以表格、饼图、柱状图、趋势图的形式在网页上展示。

（1）生产进度统计 生产进度统计功能可按月统计生产计划的生产完工进度情况；同时用计划关联相对应的工单完成情况；根据生产计划和生产工单进度统计实现生产进度信息的统计分析，为生产管理提供数据支撑。

（2）产品质量统计 MES 通过人工录入、多媒体数据采集等方式，采集到生产车间的质量数据后，可以按照产品、产品类型、产品检验方式（自检、互检、专检、特检）、生产

图 6-99　产品证明书界面

综合计划、生产工单、检验时间等统计整个产品生产过程中的质量信息。

（3）物料消耗统计　MES 根据生产过程中收集到的生产工单消耗的物料信息，按生产综合计划、生产工单、物料分类、消耗时间等条件统计物料消耗情况。

（4）人员绩效统计　MES 根据车间操作工人登录 MES 单击生产工单开始（系统记录操作工人生产工时开始）、生产工单进度填报（系统记录操作工人生产工时结束）后系统自动计算操作工人生产绩效并统计分析。

（5）看板管理　MES 将收集的生产信息通过电子看板的形式展示，实时反映生产情况。前期，看板信息在电脑屏幕中显示。后续工作中，根据需要采购液晶屏作为车间电子看板，在车间顶部以吊装方式安装液晶屏，MES 终端可以分别控制各个电子看板的显示内容。如图 6-100 所示。看板显示类型有以下几种。

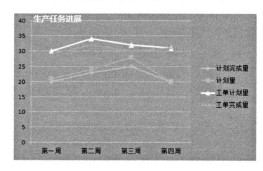

图 6-100　看板展示界面

1）生产任务进度看板。生产任务进度看板以生产综合计划和生产工单的完工情况与计划情况共四条曲线图为看板内容，分别为某月已下达生产综合计划按天计划曲线、生产综合计划按天完成曲线、生产工单下达曲线、生产工单实际完成曲线。

2）质量信息看板。质量信息看板可展示按条件（按月度）展示具体时间内生产质量合格品率、成品率等。

3）异常报警信息看板。异常报警信息看板可展示整个车间生产过程中所有生产综合计划和生产工单的异常事件看板信息（设计更改、工艺更改、工艺错误、不合格品、缺料、其他、质量问题归零、任务调整）。

8. 基础数据管理

（1）工厂建模 根据物理对象和逻辑对象对工厂进行模型抽象，建立基于国际 MES 行业标准 ANSI/ISA-S95 的工厂模型，工厂模型按照 S95 标准由上至下分为五层：Enterprise、Site、Area、Cell 和 Unit，在工厂建模时可设计为"工厂→车间→区域→产线→工位"，属于包含关系，但配置时允许省略某层。工厂模型中最基本的对象被称为 Unit，Unit 对应各生产车间的最小生产单元（如实际工位或者逻辑位置等），一个或多个 Unit 组成具有某些功能含义的 Cell（生产线等）；一个或多个 Cell 组成 Area，对应生产车间的某个生产区域；多个 Area 组成 Site，对应生产车间，如生产中心等；多个 Site 组成 Enterprise，如图 6-101 所示。

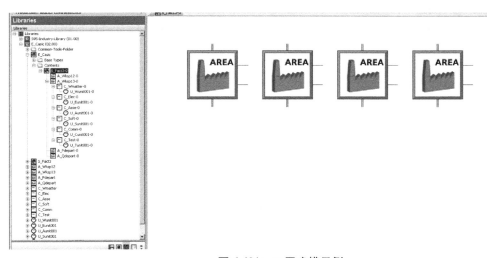

图 6-101 工厂建模示例

（2）人员管理 人员的基本信息管理包括性别、姓名、出生日期、部门、特性（工种、资质）、状态（出勤）等，为后续的排产、派工、分析提供基础数据支持。

（3）设备管理 设备的基本信息管理包括类别、特性（精度、量程等）、状态（是否占用）、维护日志等，为后续资源分配、监控、维护等提供基本信息。

（4）物料管理 MES 接收 ERP 系统提供的物料基础数据，包括原材料和零部件分类、编号、基本属性及与生产相关的业务属性，并对这些物料基础数据进行管理和维护。为保证物料基础数据的一致性，当物料数据发生变化时，需要从 ERP 系统重新下发给 MES，以保持 ERP 系统与 MES 中的物料基础数据同步。

（5）工艺主数据 按照信息化规范，产品工艺主数据在 PLM 系统中进行维护，MES 将建立与 PLM 系统的接口，通过自动化接口实现与 PLM 系统工艺主数据的同步。工艺主数据包括总装工艺路径、工艺规范等。MES 提供对工艺主数据的版本和生命周期管理。工艺数据包括：工艺路线、工序、检验数据、工作中心、工时等，工序技术条件（指标、参数、对人员和物料的要求等），每个工序所需的图样、工艺文件、标准、模型、操作动画。

（6）制造 BOM 管理 BOM（Bill of Material）即物料清单，主要用来记录一个产品或半成品所用到的所有工序物料及相关属性，即成品与所有原料的从属关系、单位用量及其他属性。BOM 管理是企业信息化数据管理的核心内容，BOM 数据是贯穿企业产品全生命周期数据管理的主线，是保证企业各环节产品数据，特别是生产制造环节的数据实时、准确、有效的关键。

9. 系统管理

（1）用户管理 系统提供的用户管理模块，可以直观地了解公司各部门的员工信息，并能在必要时对其进行修改，实现对用户的统一管理，如图 6-102 所示。

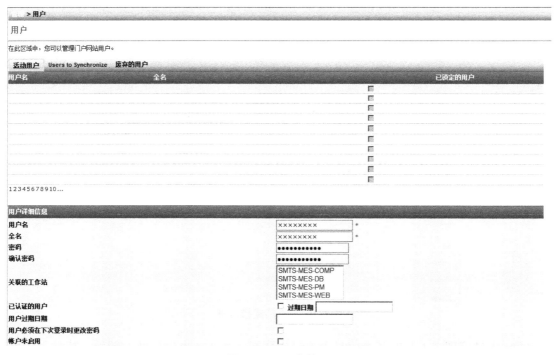

图 6-102 用户管理

系统中用户名称与所属的角色有绑定关系，一个用户可以拥有多个角色。MES 可以添加或删除用户、部门。系统中新增的用户，自动分配默认的初始密码，并支持用户在登录系统后进行密码修改。用户的描述包括用户名称、用户编号、所属部门、所属角色、系统属性（操作人员、工艺人员、质检人员、计划人员等）等。当用户调出时可以通过回收用户角色、禁用用户使得该用户不能再登录系统。用户可分级管理，同时权限可分级管理，上级可分配下级拥有的权限。

（2）角色配置　系统可以添加、删除、修改和查询用户角色。系统中默认的角色有生产线操作员、生产线线长、生产线组长、生产经理、质量检验员、质量管理员、质量经理、设备维修员、设备组组长、设备部经理、生产计划员、生产计划部经理、物流人员、物流组组长、物流部经理等。

系统中角色与业务模块权限有绑定关系，系统针对不同的角色设置不同的权限。即不同的角色可以操作不同的模块，从而不同的用户拥有不同的操作内容。一个角色可以分配给多个用户，如图6-103所示。

图6-103　角色访问功能权限设置

系统中角色与登录界面同样有绑定关系，系统可针对不同的角色设置不同的登录首页。不同的角色登录后，系统可展示方便该角色操作的界面，从而减少角色的操作时间。

（3）权限管理　为增强系统操作或信息、资料等文件的安全性，可以分类别、分级别设计进入系统的密码和权限，需要进入系统查询任何信息或进入设备进行操作时，必须要进行身份的验证，信息正确则可以登录，信息不正确则不能登录。对重要的数据、资料的修改更是有一套严格的登录手续，决不允许越级操作。系统具有便利的管理、定义、权限分配等功能，如图6-104所示。

图6-104　用户权限设置

不同职责的人员有不同的系统操作权限。一个人员经密码验证后可以操作多个模块。即模块与人员相关联，未经授权不能操作。

每个角色也可以定义不同的菜单，便于个性化需求。即不同岗位的人员可以有不同功能的菜单。西门子 MES 支持模块（页面）、功能按钮、数据项三级权限分配功能，可灵活配置不同业务人员的浏览界面和使用功能。不同的用户，应该具有的不同的权限，以实现灵活配置菜单的效果，如图 6-105 所示。

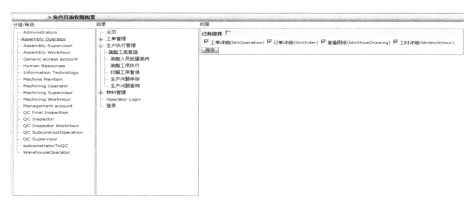

图 6-105　角色权限设置

系统管理员对系统用户角色、权限进行统一管理，包括新增角色、角色权限设置、删除角色，以及添加用户、设置用户角色等。

（4）日志管理　日志管理可用来记录系统日常运行的详细信息，对各个功能下的操作人员、时间点等信息都可做到追溯查询。如图 6-106 所示，日志管理主要包括操作日志和系统日志。

图 6-106　日志管理

系统通过 Log4net 进行日志管理，以可配置的方式实现了日志的分级、分类管理，同时系统在登录、操作方面实现了日志的实时监控、自动采集，通过日志功能的引入，提高了系统的实时监控及容错处理能力。

1）操作日志。操作日志可记录系统运行过程中与业务相关的操作信息，包括关键事务的执行开始时间、执行结束时间、业务模块名称、操作类型、执行者（后台自动或前端用户）、成功标识、异常信息、异常描述等，如工单异常响应、物料信息异常与查询异常、用户登录与注销信息等。

2）系统日志。系统日志可记录系统运行过程中各个功能模块的启动、运行、终止、异常与报错信息，用户的登录、注销、操作信息等，包括模块名称、操作类型、操作时间、执行者（后台自动或前端用户）、成功标识、异常信息、异常描述等，如错误提示信息等。

6.3 电装 MES 实践

6.3.1 电装 MES 业务挑战

电装 MES 业务主要面临以下五个方面的挑战。

挑战一：满足电装产品从设计管理、资源管理、制造管理为一体的数据管理。

挑战二：打通生产计划管理和车间生产工单管理，达到透明化、精细化管理。

挑战三：实现电装任务为小批量、多品种，研制和批产为一体的典型离散制造行业。

挑战四：实现电装生产过程中的二维码、扫描枪、读卡器、摄像头等物联网技术应用。

挑战五：电装行业物料编码、物料分料、配料、物料核实管理，实现物料精细化、精准化管理。

6.3.2 电装 MES 实践方案

电装 MES 实践方案包括以下几方面。

1）通过 EBS 数据总线集成企业各信息系统数据交互，ERP、多项目、PLM、MES、统一用户目录等系统。

2）实现生产计划管理为源头，分解生成车间作业的生产工单；车间生产工单的执行实时反馈到对应的生产计划。

3）实现工艺准备计划、物质齐套计划、生产综合计划为统一管理。

4）实现信息系统建设的存储安全设计、数据安全设计、三员管理设计。

5）集成扫描枪、读卡器、摄像头等设备数据。

6）设计电装料箱管理、物料分料管理、物料分箱管理、物料配料管理、物料核实管理。

6.3.3 电装 MES 业务能力

电装 MES 业务能力包括以下几方面。

1）先进思想作指导：使用国际行业标准 ISA95 标准作为平台规则，以西门子国际一流工业软件公司为指导，行业专家组成的一流服务团队。

2）成熟的平台：使用 SIMATIC IT 平台为基础的客制化定制平台。

3）简单易用操作：功能操作简单，提供办公室计算机和工业操作终端多种操作模式，适合鼠标、键盘和工业式触摸多方式操作。

4）通用快捷：该平台操作简单、简洁、大气、通用、快捷。

5）一体化部署：采用 BS 系统架构，使用浏览器访问系统，简化软件升级（升级服务器程序即可）。

6）提升信息化程度：企业信息化程序提升到无纸化生产管理、电子化文档指导、实时电子化看板、企业各信息系统一体数据集成管理和共享。

6.3.4 电装 MES 价值

电装 MES 价值见表 6-88 所示。

表 6-88　电装 MES 价值

序号	内　容	量化指标（提升）	预期效益/万元	依　据	说　明
1	生产计划透明度	100%		生产计划进度	
2	物料配送	30%	30	采购 物料齐套 缺料管理	物料配送率
3	生产效率	10%	50	计划跟踪	
4	产品、半成品合格率	0.5%	50	质量统计	合格率达 99.8%
5	成本节约	3%	20	人力成本 物料成本 管理成本	
6	工时准确率	20%	50	额定工时与 实际工时对比	

6.4　电装 MES 应用场景

1）工艺建模如图 6-107 所示。

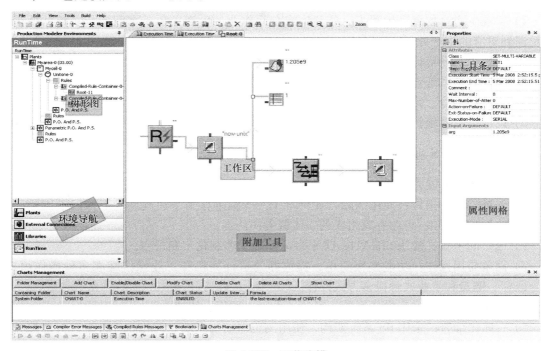

图 6-107　工艺建模

2）生产作业管理如图 6-108 所示。

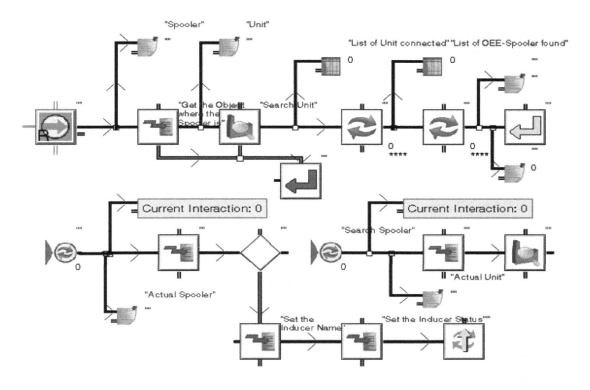

图 6-108　生产作业管理

3）生产任务执行如图 6-109 所示。

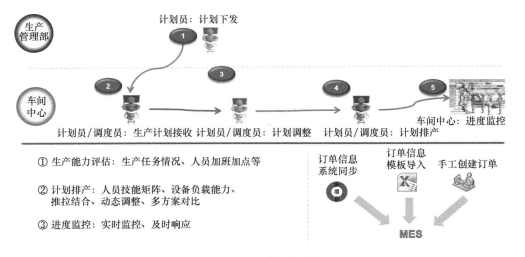

图 6-109　生产任务执行

4）生产过程物料管理如图 6-110 所示。

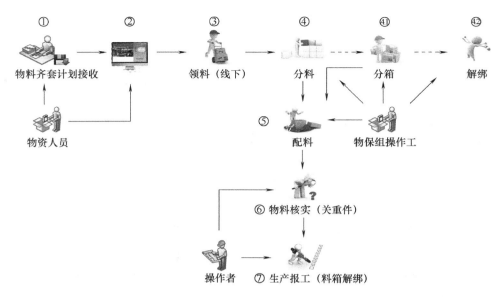

图 6-110　生产过程物料管理

5）生产质量管理如图 6-111 所示。

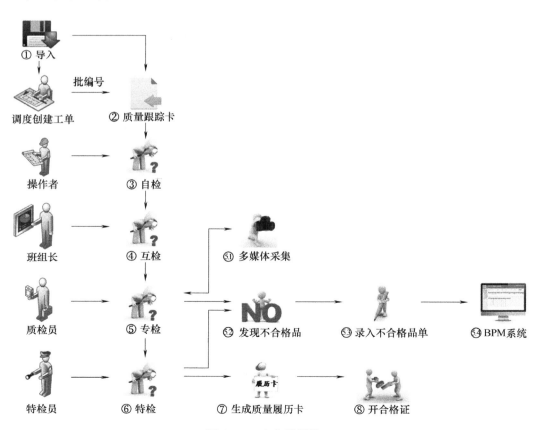

图 6-111　生产质量管理

6）电子看板如图 6-112 所示。

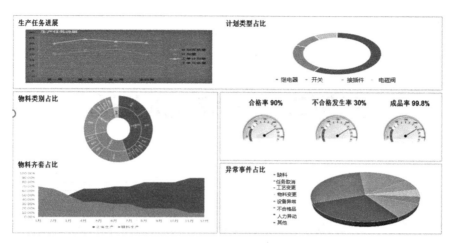

图 6-112 电子看板

第7章

案例二——装配MES

某机电厂综合传动装置装配线智能化改造的主要目的是推动车间智能化建设和信息化升级。该项目改造方案为：基于该机电厂综合传动分厂的现有车间布局，以传动装置前箱装配单元为示范，兼顾后箱装配单元、检验检测工位和合箱装配单元，以及整个机加工生产车间，建设一条具备智能化特征的装配生产线。

综合传动装置装配线智能化改造项目作为该机电厂智能制造的试点，同时考虑了满足"整体规划，分步实施"的要求，具体建设内容如下。

1）新建智能物流系统，包括新建 AGV 系统和原有 WMS 改造。

2）新建 MES。

3）新建装配线控制系统，包括 PLC 控制器和数据采集系统。

4）新增生产车间仿真分析。

5）其他信息化系统集成。

在整体考虑传动装置装配线总体规划的基础上，以上述建设内容为目标，项目的需求分析、设计和实现将围绕上述项目范围展开。

MES 是立足实际管理需求，结合业界最佳实践，面向车间级应用的生产管控一体化平台，将车间内所有围绕生产驱动的核心业务全部纳入管理范畴，系统规划与落地实施本着高起点、高标准和高要求的原则。一方面从整体架构上打通 ERP 系统下达生产计划，到执行系统接收、分解、排产和执行计划，再到任务完工反馈的闭环过程，可实现传动装置装配生产线生产业务涉及的所有信息系统之间的纵向集成；另一方面将建立统一架构，可实现围绕产品价值链的传动装置工艺设计、制造、质量和服务系统之间的端到端集成。

本项目是以传动装置装配生产线前箱装配单元为蓝本构建的智能管控平台，将积累业务最佳实践，通过标准化架构治理，将所有车间的生产业务共性需求和功能进行抽象和提炼，形成一体化的标准模板，扩展应用后箱、合箱装配单元，以及整机外围装配线。对于差异化的需求，以 SOA 面向服务的架构进行包装，采用即插即用模式。区别于传统系统平台的庞大冗余结构，SOA 架构会减少模块间的耦合性，实现 MES 依据业务需求进行柔性调整的架构，快速迭代，提高对业务需求变化的响应速度。规划中的 MES，从平台架构上是统一规划、统一部署、统一运维、统一升级的，图 7-1 所示为 MES 的体系架构。

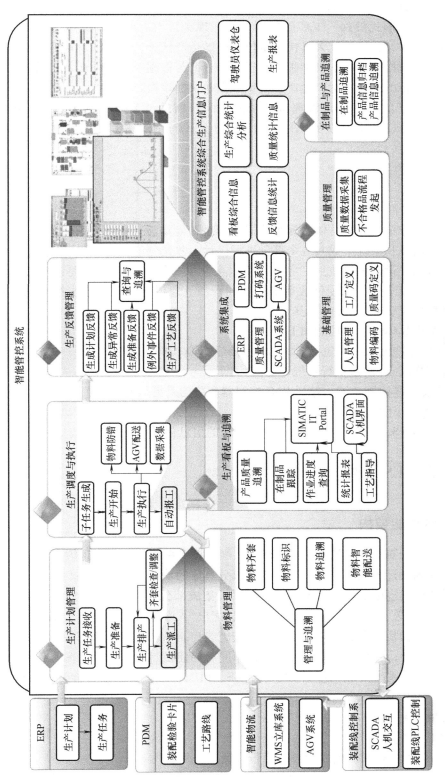

图 7-1 MES 体系架构

MES 分为管理版与工厂版，管理版适用于办公室环境，用鼠标单击左侧导航菜单，右侧显示相应界面的形式展现。工厂版适用于生产现场，不适合鼠标操作，直接使用触屏点击，界面简单明了，方便装配人员快速定位自己的生产任务，大按钮、软键盘的方式减少了误操作，贴近手机操作习惯。管理版适用于数据查询与追溯，键盘录入文字描述。工厂版适用于车间生产执行的指令下达，生产、质量数据的快捷填报。

MES 综合生产信息门户是管理版登录的主门户网站，车间管理人员通过此门户登录 MES，用户名与登录 ERP 系统的用户名相同。通过此门户网站可浏览和查询权限内的数据及相应的操作。

7.1 概述

本案例设计方案以系统总体目标为依据，围绕智能物流、MES 和装配线控制三大系统，以及生产车间仿真和系统集成共五个部分进行设计，并充分论证各系统间的关联关系，规划系统间集成方案。设计思路按照"整体规划，分步实施"的原则，主要体现新建智能物流系统、MES 和原有立库的软硬件改造等工作的开展。建设内容可以逐步推广到后箱装配单元、合箱装配单元、整机外围装配单元。

设计方案中具体的系统功能如下。

1）新建智能物流系统，包括新建 AGV 系统和原有 WMS 改造。

2）新建 MES，即制造执行系统。

3）新建装配线控制系统，包括 PLC 控制器和数据采集系统。

4）新增生产车间仿真分析。

5）ERP、WMS、PDM、质量管理、SCADA 的信息化系统集成。

7.2 装配 MES 介绍

7.2.1 总体功能架构

总体功能架构对智能物流系统、MES、装配线控制系统、生产车间仿真系统，以及系统集成的具体规划设计按层级汇总，明确五个部分具体的功能点，如图 7-2 所示。

本项目建设内容中的四个系统和信息化系统集成部分的主要内容为：①智能物流系统，包括 AGV 智能配送、立库软硬件改造、前箱装配出/入库和系统集成；②MES，包括生产计划、生产反馈、物料、质量管理等模块；③装配线控制系统，包括 PLC 控制、SCADA 控制、系统数据交互模块；④生产车间仿真，包括车间布局建模、车间物流仿真、产能与瓶颈分析等模块；⑤信息化系统集成，包括 ERP、WMS、PDM、质量管理、智能管控、SCADA 系统的集成。

1. 智能物流系统

（1）AGV 智能配送

1）AGV 管理：AGV 调度、控制、运行、通信等功能。

2）料车料筐设计：对自动配送的料车和料筐的尺寸、形状和数量的说明。

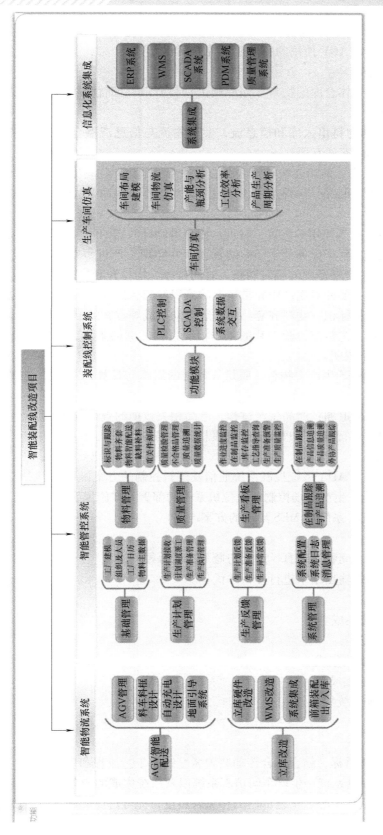

图7-2 总体功能架构图

3）自动充电设计：对快速自动充电系统、锂电池等方案的说明。

4）地面引导系统：对 AGV 使用的磁导航系统方案的说明。

（2）立库软硬件改造

1）立库硬件改造：立体仓库的物料存储原则由物料分散存储优化为按产品型号及装配工位配套固定货位存储。

2）WMS 改造：规划物料出入库和信息流，实现物流与信息流融合，实现 WMS、MES 和 ERP 系统对物料管理的互联互通。

（3）前箱装配出/入库　前箱装配单元试点的八种型号单台套物料出/入库方案说明。

（4）系统集成　为实现装配与物料信息透明化，以生产任务驱动 WMS 动作的方案说明。

2. MES

1）基础管理：MES 投入使用的配置、管理、用户等基础数据的管理与维护功能。

2）生产计划管理：对生产任务及子任务的管理，并实现生产过程跟踪、反馈的方案说明。生产排产可完成对生产任务单的临时调整、时间排序、物料齐套检查。

3）生产反馈管理：主要针对生产中异常情况的流程发起、处理、关闭的方案说明。

4）物料管理：对物料标识、物料齐套、领料表自动生成等方案的描述与说明。

5）质量管理：根据工艺装配检验卡片的工步检验过程数据的采集，并对质量管理系统发起不合格品流程的方案说明。

6）生产看板管理：MES 生产、物料、质量等数据的组织与计算，并以图表方式展示的方案说明。

7）在制品跟踪与产品追溯：产品生产过程、产品相关数据的查询方案说明。

8）系统管理：MES 运行维护管理及安全员授权方案描述。

3. 装配线控制系统

1）装配线 PLC：与 SCADA 系统控制系统通信及逻辑控制的方案说明。

2）SCADA 系统实施：生产现场控制层上位机系统的部署与实施说明。

3）MES 集成：SCADA 系统与 MES 集成的方案说明。

4. 生产车间仿真

1）车间布局建模、车间物流仿真、产能与瓶颈分析等模块。

2）通过对仿真模型的输出结果进行分析并优化。

5. 信息化系统集成

1）MES 与 ERP 系统集成。

2）MES 与 WMS 集成。

3）MES 与 SCADA 系统集成。

4）MES 与 PDM 系统集成。

5）MES 与质量管理系统集成。

7.2.2　总体业务流程

根据项目建设的总体目标，结合综合传动装置装配线的工艺流程和生产组织，对智能物流系统、MES、装配线控制系统、生产车间仿真系统以及系统集成的业务需求进行了深入调研和详细梳理，经过与信息中心、工艺部门的相关人员进行充分讨论、确认后，设计出总体业务流程图。流程图描述了生产线改造后系统架构的未来场景，系统间的业务搭接和配合关系，并对实施的关键点进行了说明。完整表述了从 ERP 系统接收任务单开始到排产、物料齐套与配送、生产执行与质量、异常等数据的流转，最后完成报工、班组交接的完整流程，贯穿了智能物流、装配线控制、MES、质量管理、工艺系统的数据集成与联动，是功能设计方案子模块的基础。

1. 总体业务流程图

总体业务流程图如图 7-3 所示。

1）图中深色方框表示步骤与包含业务逻辑处理的功能点，白色方框表示系统自动流转和后台处理的过程。

2）由智能管理系统提供物料齐套性检查，检查基础数据来自 ERP 系统和 WMS。可根据齐套检查的结果定义生产排产和生产领料单基础数据。

3）重关件刻码为物料入库流程的新增流程，需要机加车间配合完成。

4）ERP 系统手动生成领料单、入库与出库记账变为自动实现。

5）立库管理员呼叫 AGV 取料，AGV 完成自动配送，工位装配工收料后指挥 AGV 归位。

2. 总体数据流转图

总体数据流转图着重描述了各系统间的输入与输出数据，以及数据流转后的具体变化和关联关系，如图 7-4 所示。WMS 在每次入库、出库和 MES 报工后都增加数据库同步和确认成功过程，以确保数据传输的正确性。

7.2.3 现场终端布局

根据 AGV 自动配送的路线与停靠点，规划出现场智能管控终端的数量与部署位置。SCADA 系统与 MES 的人机页面可以做到自由切换，因此一台终端能实现 MES 和 SCADA 系统的操作。在箱体清洗区与立库出库可共用一台终端控制 AGV 取料。详见图表 7-1 和图 7-5 所示的现场终端配置统计表与终端位置。

表 7-1 现场终端配置统计表

序号	位　　置	MES 终端		SCADA 系统终端	
		数量	作用	数量	作用
1	机加车间打码区	1	控制刻码系统		
2	立库出口			1	1）两个区域共用 2）控制 AGV
3	箱体清洗机区				
4	部件清洗机区			1	控制 AGV
5	前箱装配工位 1	1	1）信息查看、录入 2）控制 AGV		
6	前箱装配工位 2	1			
7	前箱装配工位 3	1			
8	前箱装配工位 4	1			
9	前箱装配工位 5	1			
10	部装区小总成工位 6	1			
11	箱体试压区	1			

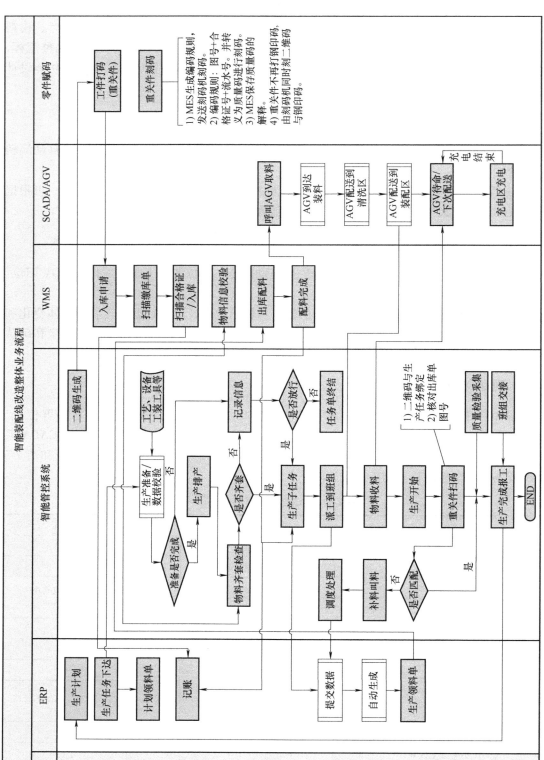

图 7-3 总体业务流程图

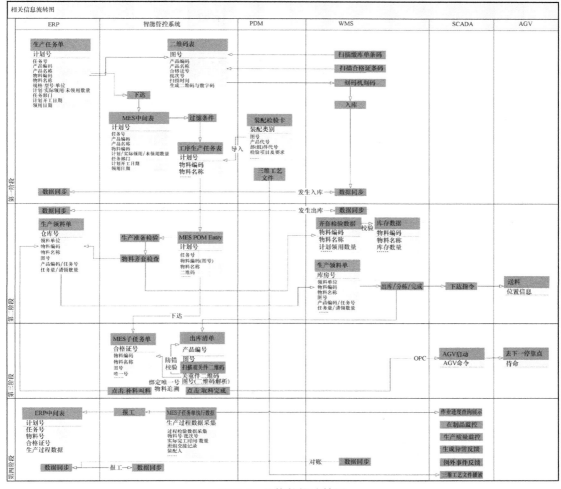

图7-4 总体数据流转图

7.2.4 平台介绍

SIMATIC IT 平台是西门子公司构建企业执行层生产信息系统的通用平台。该平台基于 ANSI/ISA S95 标准开发，S95 标准定义了通用的模型和相应术语，为系统能够更好地与企业的其他业务系统协同工作提供了有益的参考。

SIMATIC IT 平台提供的组件主要包括：

1）SIMATIC IT Framework：框架。

2）SIMATIC IT POM：工单管理。

3）SIMATIC IT MM：物料管理。

4）SIMATIC IT Personnel Manager：人员管理。

5）SIMATIC IT Historian：历史数据管理。它包含如下主要组件：①SIMATIC IT RTDS，实时数据库管理；②SIMATIC IT PPA，工厂数据分析；③SIMATIC IT PDefM，产品规范管理；④SIMATIC IT DIS，数据集成服务；⑤SIMATIC IT CAB，客户端应用构建器；⑥SIMATIC IT PDefM，产品规范管理；⑦SIMATIC IT DIS，数据集成服务；⑧SIMATIC IT CAB，客户端应用构建器。

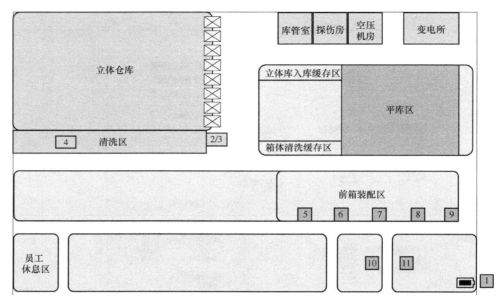

图 7-5　终端位置

SIMATIC IT 平台的软件架构如图 7-6 所示。

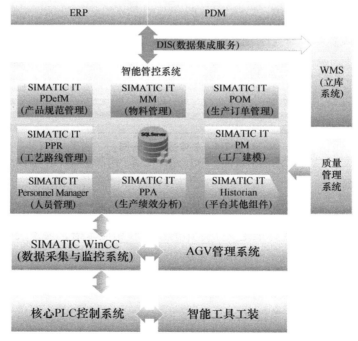

图 7-6　SIMATIC IT 平台的软件架构

7.2.5　生产计划管理

1. 用户需求模块功能对照

业务需求与系统功能说明见表 7-2。

表 7-2　业务需求与系统功能说明

编号	系统功能	业务需求
1-1	生产计划接收	生产计划接收
1-2	装配检验卡片导入	
2-1	工艺文件信息校验	生产准备管理
2-2	装配检验卡片信息校验	
3-1	生产排产	生产排产
4-1	生产子任务序列生成	计划调度与派工
4-2	生产子任务排序与调整	
4-3	生产子任务派工	
5-1	生产子任务接收	生产执行管理
5-2	执行开始	
5-3	质量过程数据采集	
5-4	执行暂停/开始/终止	
5-5	完成与报工	

2. 相关信息流转

生产计划管理是生产实时指挥的核心，对生产计划进行有效分解，形成可用于指导车间现场生产的作业指导，并对作业任务进行统一管理和调度，根据生产动态信息、质量动态信息、物料动态信息实现对生产节奏的监控，协同各部门各作业单元高效有序地生产。

本项目中的 ERP 系统已经完成了生产计划的生成、调整及下达，并对生产计划完成了初步分解，已经成为具备可执行性的生产任务。为实现精益生产，以生产计划拉动工位作业计划和物料出库计划，MES 对此生产任务再次分解及排产派工，MES 在此环节与 ERP 系统进行对接，接收工厂车间的生产任务，并根据此生产任务的产品型号、产品编码进行物料齐套检查，由物料齐套检查结果指导生产排产，从而生成工位作业计划的子任务单，子任务单也是生产执行的主体，过程中产生的数据都与此子任务单相关联。例如，装配检验卡片质检过程数据、重关件装配过程中扫码到子任务单，从而实现质量、物料的追溯。

生产计划管理数据流转图如图 7-7 所示。

（1）ERP 生产任务单接收　MES 接收 ERP 系统下达的生产任务单，创建生产任务号及计划号等信息。

（2）生产工艺数据准备　由 PDM 自动获取该任务号的装配检验卡片数据，也可以使用 Excel 手动导入基础数据，如批量导入八种产品的前箱装配检验卡片数据，则手动勾选关联即可。MES 校验生产任务单是否存在装配检验卡片对应图号，如存在则生产准备完成。系统后续可扩展功能，增加对工装工具情况的校验。如果未能通过生产准备校验，MES 记录缺失的数据信息，由调度员确定是否继续生产。如果是，则进入生产排产，生产任务单标记黄色；否则，此生产任务单状态转为终结，并由调度员填写终结原因。

（3）生产排产　由车间调度员根据生产任务单中台套数量、班组、物料信息进行排产，MES 自动根据台套数据拆分为单台套的生产子任务，即每个生产子任务的计划完成数量为 1，对每个生产子任务的计划开始/结束时间自动分配时间（默认 8h），并进行排序。调度员可对每个子任务的时间、班组进行调整，最后保存排产结果。

（4）物料齐套检查　物料齐套检查是通过获取 WMS 库存数量、ERP 计划领料未出库数量、任务请领量进行校验，计算出准确的库存数量，根据此校验的结果对排产后的结果判定

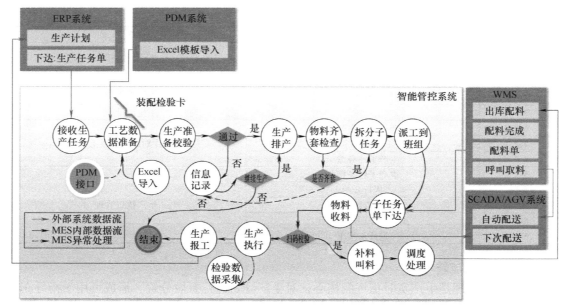

图 7-7　生产计划管理数据流转图

是否下达子任务单。如果缺料仍下达生产，则由 MES 记录缺料的物料名称、缺件数量、物料号形成缺料单。将缺料生产的子任务单标记为红色。

物料齐套检查是独立的功能可以在生产排产前/后、生产准备校验前/后，单击运行此功能，MES 会给出校验的结果，根据校验的结果修改排产后的结果。

（5）派工到班组　调度员确认排产结果无误后，单击"下达"按钮，子任务单下达到生产班组，由班组开始执行子任务。班组还未开始的子任务，调度员仍然可以调整，已开始的则不能进行调整。

（6）物料收料　前箱装配人员接收 AGV 自动配送的物料，用扫码枪扫描重关件的刻印二维码，与当前执行的子任务单中的 BOM 信息进行核对，如全部通过，则单击"物料收料"按钮，由 MES 将此指令传递到 SCADA 系统，控制 AGV 前往停靠点。如发现不属于此当前任务单的物料，则单击"缺料补料"按钮，MES 记录缺料的物料名称与物料编码，并将缺料信息与工位位置发送给 WMS，由 WMS 重新组织配送到缺料工位。

（7）检验数据采集　由装配工根据工艺装配检验卡片的检验点进行质量数据采集，在MES 现场版中打开质量检验界面，由装配工、互检人、专检人单击"合格""不合格"按钮，每人刷自己的 IC 卡登录 MES，会将名字自动带入。"不合格"时需要录入不合格的原因，并由 MES 将不合格品信息发送到 ERP 系统质量管理模块。

（8）生产报工　MES 实现每日报工，系统自动提醒班组在每日设定的时间进行报工，MES 自动将合格数量或进度（需要长时间装配时，上报工作进度）、班组、结束时间发送到ERP 系统的生产计划，以完成生产计划执行情况的反馈。MES 设计班组虚拟出入库动作，当前箱人员单击"入库"按钮时，在界面填写入库数量、文字描述，系统自动带入操作者姓名与勾选的入库箱体号。后箱等下道工序单击"出库"按钮，接收上道工序交接的在制品，完成班组交接环节，由 MES 记录生产班组交接单（工序名称、交接人、接收人、数量、箱体号、交接说明）等信息。

3. 生产计划接收

（1）流程及描述 生产计划接收详细描述 MES 如何接收 ERP 系统的生产任务单。由车间计划员在 MES 中接收当月生产任务，接收条件可以是多条，如上月或下月等，为不遗漏生产任务，MES 将显示未接收的任务号以作提醒。

生产车间使用 MES 自动接收生产计划，任务部门为前箱体装配的生产任务单，为实现可推广性，此处为可配置的过滤条件，添加新条件后可以接收后箱体、合箱等的生产任务单。接收完成后，计划员对已接收的生产任务单进行查询和浏览，如缺少或不全可进行多次接收。

注意：只接收状态为"下达"或"执行"的生产任务单。

1）生产计划接收业务流程图如图 7-8 所示。

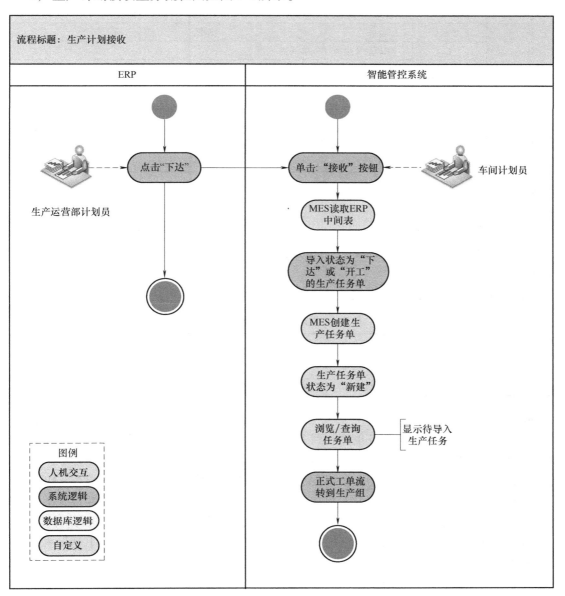

图 7-8 生产计划接收业务流程图

2）流程描述见表 7-3。

表 7-3 生产计划接收流程描述

编号		1-1	名称	生产计划接收
描述		对已下达的生产任务单进行接收，在 MES 中间表中进行创建。MES 在中间表中，对前箱工序的任务单进行筛选，根据筛选结果写入正式的 POM_ Entry 表		
发起者		生产运营部计划员	参与者	车间计划员
触发条件		车间计划员单击"接收"按钮		
前置条件		ERP 系统将生产任务单下达至 ERP 系统中间表		
后置条件		MES 检索 ERP 系统中间表，将数据读取至 MES 中间表（将"前箱总成"关键字进行转义），根据转义的条件，将过滤出的数据读入 POM_Entry 表		
主干过程	步骤	操作		
	1	ERP 系统生产任务单下达		
	2	MES 车间计划员接收		
	3	MES 中间表逻辑操作		
	4	POM_ Entry 表创建生产任务单，状态为"新建"		
扩展过程	步骤	操作		
		MES 根据设定好的状态（如下达、开工）检索 ERP 系统中间表，以防止漏检生产任务单		
错误异常		网络连接失败或数据库访问失败		
问题		无		

注意：MES 支持手动导入计划，如导入临时或紧急计划等，并可以由车间计划员对导入计划进行更改或删除操作。

（2）涉及人员 本业务涉及的主要人员及职责见表 7-4。

表 7-4 生产计划接收涉及人员

序号	部 门	角 色	职 责	备 注
1	生产运营部	计划员	下达任务单	
2	分厂计划室	计划员	接收生产任务单	

4. 计划调度与派工

（1）流程及描述 生产任务单接收到 MES 后，所有任务单的状态为"新建"，由生产调度员对所有新建的任务单进行物料齐套检验和排产。调度员根据生产任务、产品型号、产品编号、计划量、实际领用量、未领用量，以及输入检查的台套数量进行物料齐套检查，MES 自动生成通过齐套检查的个数的子任务单，例如，3 台套的物料齐套检查都通过，则生成 3 个子任务单。如果都缺料，则生成缺料单，并由调度员确认是否放行后手动创建子任务单进行缺料生产。

每个子任务单的生产数量为 1 台，钳装班组派工完成，调度员单击"下达"按钮后，子任务单状态更改为"下达"。钳装班组登录 MES 可查看到此子任务单，如班组未开始生产，调度员可对已下达的任务单再次调整，重新派工；如已开始生产，则不能再进行调整。

1）业务流程图如图 7-9 所示。

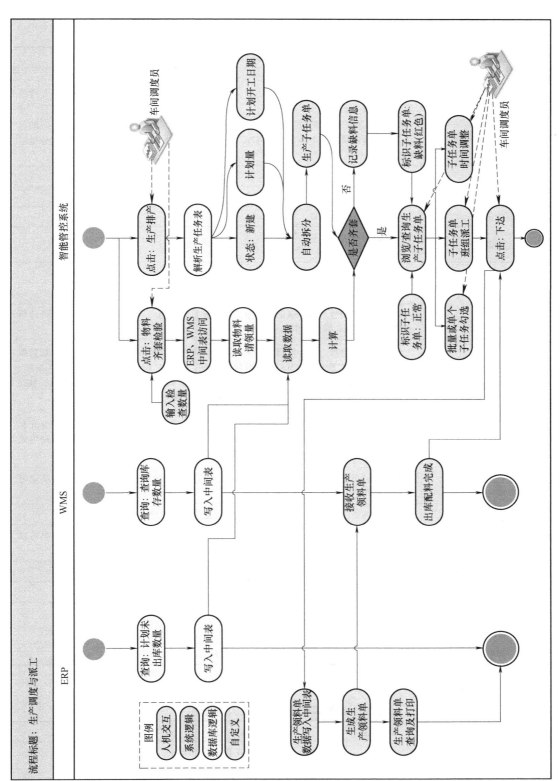

图 7-9 计划调度与派工业务流程图

2）流程描述见表 7-5。

表 7-5　计划调度与派工流程描述

编号	4-1	名称	计划调度与派工
描述	对 MES 中新建状态的生产任务单进行排产并对班组派工 物料齐套性检查是相对独立的功能，可以在排产前、后点击"运行"，其齐套性结果会决定排产结果 排产是对生产任务的进一步细化与分解，使其成为 MES 可以在生产班组执行时的最小主体，生产执行的主体"子任务单"是排产的最终结果，并由调度员对子任务单进行派工		
发起者	车间调度员	参与者	生产班组长
触发条件	车间计划员单击"生产排产"按钮		
前置条件	生产任务单创建完成		
后置条件	生产领料单生成 WMS 立库配料完成		

主干过程	步骤	操作
	1	单击生产排产
	2	MES 执行解析生产任务表的任务单，输入参数"状态（新建）""计划量""计划开工日期"，自动拆分为生产子任务单
	3	物料齐套性检查，由计划调度员输入要校验的齐套数量，MES 发起对 ERP 系统数据库计划的未出库数量，WMS 库存数量的访问，并通过校验齐套数量及 ERP 系统、WMS 的数量计算出是否齐套的结果，并将结果在页面进行显示。如果发现缺料，MES 记录缺件的物料号、物料名称、任务号、计划号、图号、物件数量等数据
	4	物料齐套通过后，调度员单击"生成"按钮，生产领料单，领料单请领数量与齐套检验数量应相同。MES 将数据写入 ERP 系统中间表，ERP 系统根据此数据自动生成生产领料单，并发送给 WMS，WMS 根据此领料单进行物料出库与分拣
	5	调度员可全选或单选生产子任务单，在下拉框选择生产班组与计划开始、结束时间，并保存
	6	未齐套的子任务单可以被下达，其颜色标记为红色报警提醒
	7	WMS 配料完成后，将配料完成数据写入 MES 中间表，则配料完成的子任务单可以下达

扩展过程	步骤	操作
		与 ERP、WMS 的接口

错误异常	

问题	无

（2）涉及人员　本业务涉及的主要人员及职责见表 7-6。

表 7-6　计划调度与派工涉及人员说明

序号	部　门	角色	职　责	备　注
1	分厂计划室	车间计划员	生产排产、物料齐套、生产领料单生成、子任务单下达	

5. 生产准备管理

（1）流程及描述 生产准备管理是智能管理系统任务单执行前的必备条件，只有生产准备完成的任务单才能进行排产与派工。生产准备主要包括装配检验卡片、工艺文件数据的校验，生产准备时由工艺员导入生产任务单对应的检验卡片数据，用于质检过程的数据采集；导入包含具体工步的工艺文件，用于装配执行过程的重关件扫码，实现在制品跟踪等功能。如果任务单缺少上面两种数据，则任务单状态为"准备未完成"，不能开始下一步排产。工艺文件数据与检验卡片数据是基础数据的一种，可提前在 MES 中维护，省去每次生产准备的导入步骤，由车间计划员勾选任务单要使用的工艺文件与检验卡片。

智能工装工具实现自动数据采集，也将作为生产准备的条件之一，如果状态为故障或检修等，则生产准备不能完成，由计划员填写生产准备反馈单，进入反馈单处理流程。

PDM 系统工艺文件、检验卡片等工艺数据具备后，MES 可实现与 PDM 系统的自动接口集成，手动导入功能作为后备手段以应对特殊情况。

1）业务流程图如图 7-10 所示。

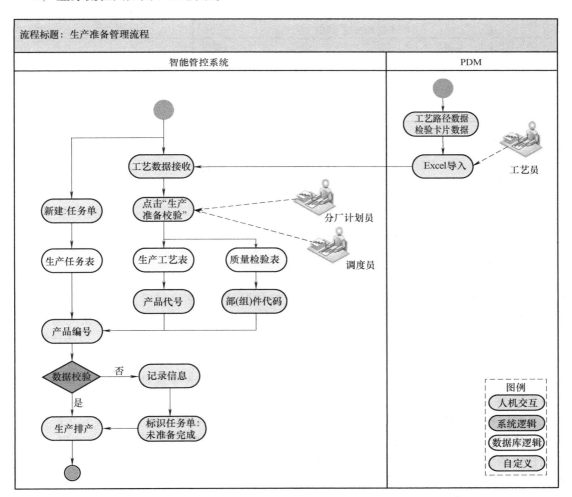

图 7-10 生产准备管理业务流程图

2）流程描述见表 7-7。

表 7-7　生产准备管理流程描述

编号	2-1~2-2	名称	生产准备管理
描述	生产任务单到达 MES 后，对此任务单进行生产准备校验，MES 记录生产准备结果		
发起者	车间计划员	参与者	车间调度员
触发条件	车间计划员单击"生产排产"按钮		
前置条件	工艺员导入工艺文件（Excel 模板）		
后置条件			
主干过程	步骤	操作	
	1	点击"生产准备校验"	
	2	MES 数据库查询，工艺表与质量检验表的"产品代号"是否与生产任务单的"产品编号"匹配。如果匹配，代表生产任务单的工艺文件与检验卡片已经进入 MES；如果未匹配，表示生产未准备完成	
	3	将此生产任务单标识为"未准备完成"，使用颜色报警	
	4	未准备完成的生产任务单可以由调度员进行排产，排产完成后需要等待生产准备完成才能下达生产班组	
扩展过程	步骤	操作	
错误异常			
问题	无		

（2）涉及人员　本业务涉及的主要人员及职责见表 7-8。

表 7-8　生产准备管理涉及人员说明

序号	部门	角色	职责	备注
1	工艺部门	工艺员	导入装配检验卡片	
2	计划部门	计划员	生产准备校验	调度员具备相同权限

6. 生产执行管理

（1）流程及描述　生产执行是前箱钳装班组对子任务单进行执行的过程。班组按照子任务单的工步及检验卡片完成重关件扫码、质检数据录入、生产异常（按类别）填报、生产完工后班组交接并进行 ERP 报工等流程。每个子任务单的生产状态、执行情况将影响所属任务单的状态及进度，以及任务单上层的生产计划。由子任务单、任务单、生产计划完成智能管控由下至上的体系。

生产执行管理在工位装配工确认收货环节，会通过 SCADA 系统对 AGV 产生操作，指挥 AGV 前往预定义的停靠点。

补料叫料主要针对生产过程中发现的物料问题，由具体装配工或班组长发起生产异常单填报，班组长/调度员确认后，结合缺料单、WMS 配料表等数据决定后续处理过程。例如，零配件由调度员在 MES 做出领料单，WMS 配料出库后由班组人员自行领料，AGV 不参与配料。如果出现箱体的重大缺陷，由调度员生成优先级高的任务单插单，再按正常流程走 AGV 自动配送新箱体到工位流程。

1）业务流程图如图 7-11 所示。

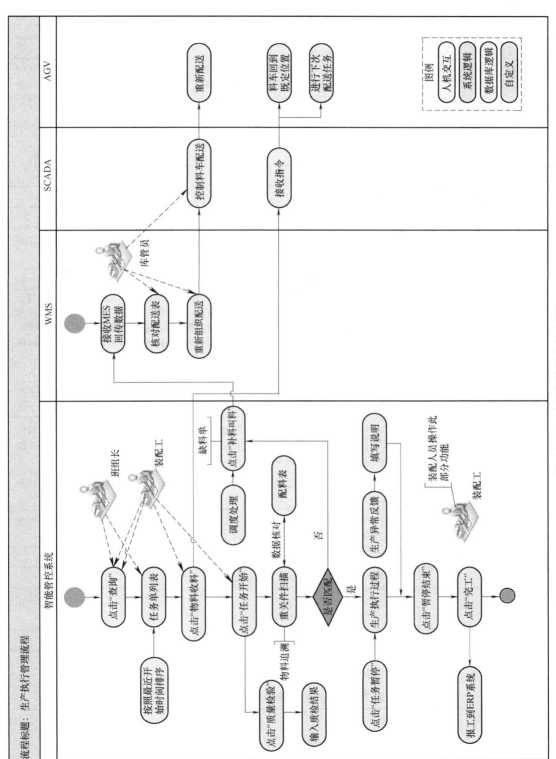

图7-11 生产执行管理业务流程图

2）流程描述见表7-9。

表7-9　生产执行管理流程描述

编号	5-1~5-5	名称	生产执行管理
描述	生产执行是对子任务在实际生产过程的管理，由生产执行者在MES中操作。开工前先扫描物料二维码，如果出现不属于当前执行子任务单的物料，则呼叫AGV送走错误的物料并重新配送正确物料。物料核对正确后，子任务单开始执行，记录开始时间，装配工正常作业，检验时填写检验记录，完工时系统自动报工		
发起者	装配工	参与者	生产班组长
触发条件	子任务单派工到生产班组		
前置条件			
后置条件	WMS立库配料完成		

主干过程	步骤	操作	
	1	点击"查询"，列出生产的子任务单，当日生产子任务单显示在第一行，装配工单击打开查看图号、型号、名称等信息，无误后点击"开始"	
	2	子任务单开始后，MES记录开始人和开始时间	
	3	扫描二维码核实AGV配送的料，二维码是否属于当前执行子任务的配料表，如属于则通过检查，如未查到此二维码，则表示WMS分拣错误，点击"补料"：由MES将缺少的物料号与多余的物料号、子任务号、图号、工位位置等信息发送给WMS，WMS根据此配送错误信息重新出库配料，并指挥AGV将正确的物料配送至发起的工位 验证通过的唯一码与子任务单进行绑定，以方便后期的物料追溯	
	4	通过物料防错后，点击"物料收料"，下达指令通知AGV配送完成，可以进行下次配送任务，如无配送任务则去充电点	
	5	任务暂停：采集生产过程中发生的问题，如设备问题、工艺图样问题、物料缺料问题等，并自动触发生产异常反馈单，装配工选择暂停原因大类、小类，原因说明（选填）保存后信息发送至设定好的接收人（如班长），记录暂停开始时间	
	6	问题处理完成后，装配工点击"暂停结束"，子任务单恢复为运行状态，记录暂停结束时间	
	7	点击"完工"，代表子任务单执行完成，MES将合格数量、任务号、责任班组等信息报工至ERP系统生产计划，记录完工时间	

扩展过程	步骤	操作	
		与ERP系统、WMS的接口，AGV配送	

错误异常			
问题	无		

（2）涉及人员　本业务涉及的主要人员及职责见表7-10。

表7-10　生产执行管理涉及人员说明

序号	部　门	角　色	职　责	备　注
1	车间	生产班组	操作MES工厂版，完成生产过程流程，记录生产过程数据	

1）业务流程图如图 7-12 所示。

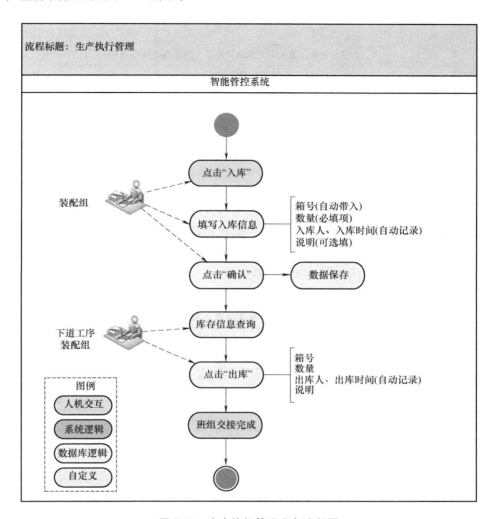

图 7-12　生产执行管理业务流程图

2）流程描述见表 7-11。

表 7-11　生产执行管理流程描述

编号	5-5	名称	生产执行管理（完成与报工）
描述	班组间的交接采用虚拟出、入库的方式进行。前箱工序将产成品交接到合箱工序时，先入库填写交接信息，合箱工序查看库存信息，办理出库单，完成交接		
发起者	班组	参与者	班组
触发条件	班组点击"入库"		
前置条件			
后置条件			

（续）

	步骤	操作
	1	点击"入库"
	2	办理入库单，由入库人员填写箱号、数量及说明（选填）
主干过程	3	点击"确认"，入库单办理完毕
	4	后道班组点击"库存查询"。查看要接收的箱体，多选/单选要出库的箱体，点击"出库"
	5	系统记录出库人、出库时间，出库手续完成，班组交接完成

7.2.6 生产反馈管理

MES 生产反馈管理功能包括：①接收正常生产过程的数据，并反馈给 ERP 系统、WMS、质量管理系统，各系统接收到数据进行信息归档、触发后续流程等；②生产班组填写各种生产异常问题反馈单，各环节处理人根据自定义流程进行处理，填写处理意见及结论，问题发起人根据结论解决问题，完成闭环。

生产异常反馈审批流程见表 7-12。

表 7-12　生产异常反馈审批流程

序号	发起人	问题大类	问题小类	处理人
1	装配人员/班组长	生产异常类	生产工艺问题	工艺部门工艺员
			物料齐套问题	调度员
			质量问题	技术组
			设备问题	技术组
			工装工具问题	技术组
			……	
2	调度员	生产计划类	缺料补料任务	技术组
3	调度员	生产准备类	工艺文件未找到	工艺员/计划员/技术组
			检验卡片未匹配	
			……	

1. 用户需求模块功能对照

业务需求与系统功能见表 7-13。

表 7-13　业务需求与系统功能

编　号	系 统 功 能	业 务 需 求
1-1	生产计划反馈	生产计划反馈
1-2	生产准备反馈	生产准备反馈
2-1	生产异常反馈	生产例外事件反馈
2-2		工艺更改反馈
2-3		其他生产异常反馈

2. 相关数据流转

生产反馈管理是 MES 采集数据的重要手段，包括生产计划反馈、生产异常反馈、生产准备反馈、生产例外事件反馈和工艺更改反馈。在本项目中生成例外事件反馈与工艺更改反馈划为生产异常反馈，在生产异常反馈中体现生产中各种异常、意外、例外等问题，设计生产异常问题类别，问题大类如物料类、设备类、工艺类、质量类等，各个大类中的小类如物料类（生产缺料、配送未到、配料错误等）等。

生产反馈各类信息有相关对应的处理流程和对接人，如物流问题由调度及仓库处理，计划问题由调度与计划员处理，工艺问题由工艺员处理。要做到问题反馈的闭环，各对接人在 MES 中将问题处理意见、建议、结论进行填写，由填报人或处理人将问题关闭，否则 MES 会一直跟踪未关闭的反馈信息，以时间长短为条件的报警进行展示，如图 7-13 所示。

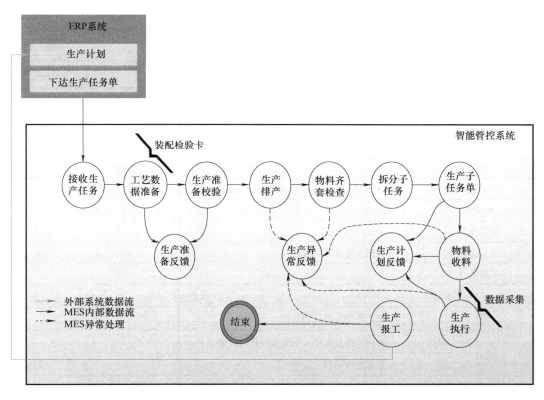

图7-13 生产反馈流程

3. 生产计划反馈

（1）流程及描述 生产完成情况、物料消耗信息和完工数量通过独立部署数据集成服务接口反馈到 ERP 系统。系统支持多次报工，操作工可在报工点通过扫描条码实现报工，系统可记录并统计多次报工数据。

1）业务流程图如图 7-14 所示。

2）流程描述见表 7-14。

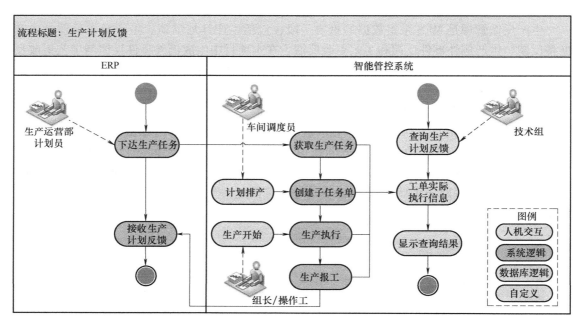

图7-14   生产计划反馈业务流程图

表7-14   生产计划反馈流程描述

编号		1-1	名称	生产计划反馈
描述		MES采集各生产过程的实际执行信息，并提供生产计划反馈查询		
发起者		操作工/调度员	参与者	工艺、设备、主管部门
触发条件		手工/自动触发		
前置条件		数据采集接口畅通		
后置条件				
主干过程	步骤	操作		
	1	用户查询生产计划反馈		
	2	查询工单各生产过程的实际执行信息		
	3	显示查询结果		
扩展过程	步骤	操作		
	1	采集各生产过程的实际执行信息，包括工单状态变更，工单实际开始时间、结束时间、实际生产班组、人员、生产线投入进程等信息		
	2	MES可以根据用户对物料反馈实时性的需求，在每个工单结束时，向ERP系统反馈物料消耗		
错误异常				
问题		无		

（2）涉及人员 本业务涉及的主要人员及职责见表7-15。

表7-15 生产计划反馈涉及人员说明

序号	部门	角色	职责	备注
1	分厂计划室	计划员	接收生产任务单与生产准备	
2	工艺部门	工艺员	装配检验卡片数据导入	
3	分厂计划室	调度员	生产排产与派工	
4	生产班组	班长/装配工	生产报工	

4. 生产准备反馈

（1）流程及描述 生产任务下达给现场的同时，也会将生产准备任务下达给各个业务部门，如工具（工装）准备下达给工具（工装）室，原材料准备下达给库房；设备准备下达给设备管理部门；工艺准备下达给工艺室或资料室。各个业务部门在系统中领取生产准备任务，根据任务指导开始准备相关资源，以及确认资源状态，例如，设备是否安排了维护任务等。当完成准备工作后，在系统中提交完成状态，如果未能按计划完成，则在系统中提交未完成的原因，系统自动触发消息到上级主管部门，协同解决。

本项目中，ERP系统中已经做到生产计划的准备、协调、调整等一系列问题，ERP系统中下达或执行状态的计划可看作是通过生产准备并可执行的任务。MES对生产准备的检查主要是针对工艺检验卡片及工艺路线数据两部分进行反馈管理。

1）业务流程图如图7-15所示。

2）流程描述见表7-16。

表7-16 生产准备反馈流程描述

编号		1-2	名称	生产准备反馈	
描述		MES在生产任务下达给现场的同时，也会将生产准备任务下达给各个业务部门			
发起者		各业务部门	参与者	工艺、主管部门	
触发条件		手工触发			
前置条件					
后置条件					
主干过程	步骤	操作			
	1	用户（各业务部门操作工）单击接收生产准备任务			
	2	进行生产准备校验			
	3	如果完成准备工作，在系统中提交完成状态			
	4	如果未能按计划完成，在系统中提交未完成原因，系统自动触发消息到上级主管部门			
	5	准备生产			
扩展过程	步骤	操作			
	1	主管部门查询生产准备反馈信息			
	2	查看未完成生产准备反馈信息，协同解决			
错误异常					
问题		无			

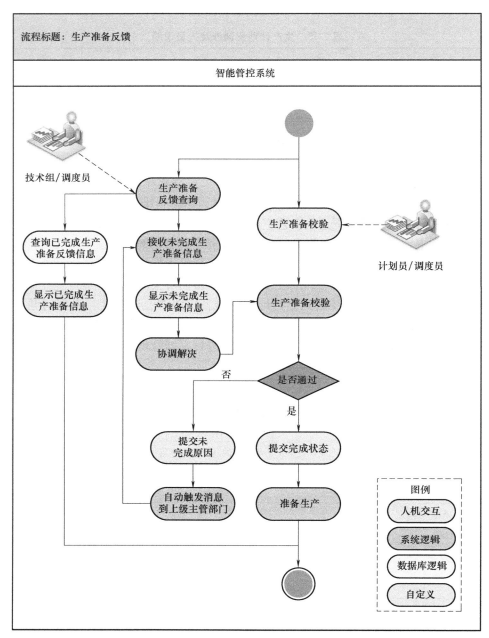

图 7-15　生产准备反馈业务流程图

（2）涉及人员　本业务涉及的主要人员及职责见表 7-17。

表 7-17　生产准备反馈流程涉及人员说明

序号	部　门	角　色	职　责	备　注
1	分厂计划室	计划员	提交生产准备问题反馈	
2	工艺部门	工艺员	处理生产准备问题反馈	

5. 生产异常反馈

（1）流程及描述　在生产现场，往往有多种因素影响着正常生产，例如，研制生产任务取消、设备故障、紧急订单等。操作人员可在系统界面中录入异常信息，如发生时间、异常描述、等级、发现人等，发起异常状态反馈流程。MES将维护所有异常问题的大、小类问题，在填报异常反馈时直接选择问题种类，系统可对每个种类的问题进行量化统计。

1）业务流程图如图7-16所示。

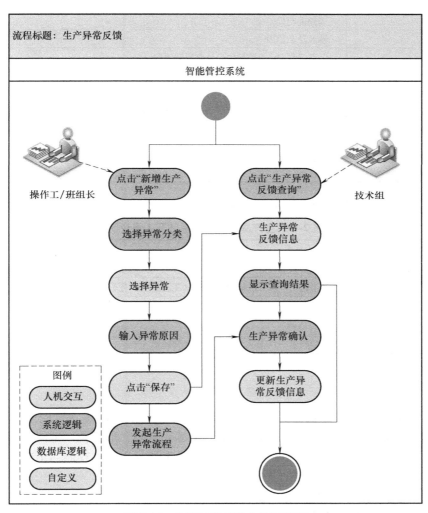

图7-16　生产异常反馈业务流程图

2）流程描述见表7-18。

表7-18　生产异常反馈流程描述

编号	2-1~2-3	名称	生产异常反馈
描述	班组长/操作工可在MES终端输入生产异常信息，发起生产异常工作流程，并提供生产异常反馈查询		
发起者	操作工/班组长	参与者	工艺、设备、主管部门

（续）

	步骤	操作
触发条件		手工触发
前置条件		
后置条件		
主干过程	步骤	操作
	1	用户（操作工/班组长）单击"新增生产异常"按钮
	2	选择生产异常分类
	3	选择生产异常
	4	输入异常原因
	5	点击"保存"，发起生产异常反馈流程
扩展过程	步骤	操作
	1	用户（班组长、设备管理员）单击"查询生产异常反馈信息"按钮
	2	对生产异常进行确认，更新生产异常反馈信息
错误异常		
问题		无

（2）涉及人员　本业务涉及的主要人员及职责见表7-19。

表 7-19　生产异常反馈流程涉及人员说明

序 号	部　门	角　色	职　责	备　注
1	分厂计划室	计划员	响应并处理（计划相关问题）	
2	工艺部门	工艺员	响应并处理（工艺相关问题）	
3	分厂计划室	调度员	响应并处理	
4	生产班组	班长/装配工	响应并处理	
5	生产班组	装配工	填报生产异常问题单	

7.2.7　物料管理

MES 物料管理模块负责对装配过程中使用的箱体以及重关件建立追溯体系。MES 物料管理模块根据图号和产品批次信息，结合系统内部编码规则，形成统一编码。同时集成现场激光打码设备与扫描设备，完成箱体及重关件从产品下线→入库→存储→出库→配送→装配→检验的全流程追溯。

当重关件完成入库后，MES 集成会根据来自 PDM 系统的装配 BOM，以及来自立体库 WMS 的实际库存信息进行前箱装配工位重关件物料齐套性预检验。发现的缺料信息以缺料单的形式告知车间调度，并在车间信息看板上高亮显示。缺料补充完成后，由车间调度员操作 MES 将补料提醒关闭。

当 MES 形成装配工单并下发到工位后，同时会形成物料出库及配送计划。物料出库计划下发给 WMS，WMS 根据计划内容将正确物料按照装配顺序进行出库，并在立体库人机交互页面上显示出库与分拣明细，指导分拣员将物料正确分拣到对应料筐。分拣完毕后 MES 给装配线控制系统下发物料配送计划，装配线控制系统按照计划内容调度现场 AGV 系统完成物料从分拣区→清洗区→部装区→工位的物料配送。

1. 物料标识

（1）流程及描述

1）业务流程图如图 7-17 所示。

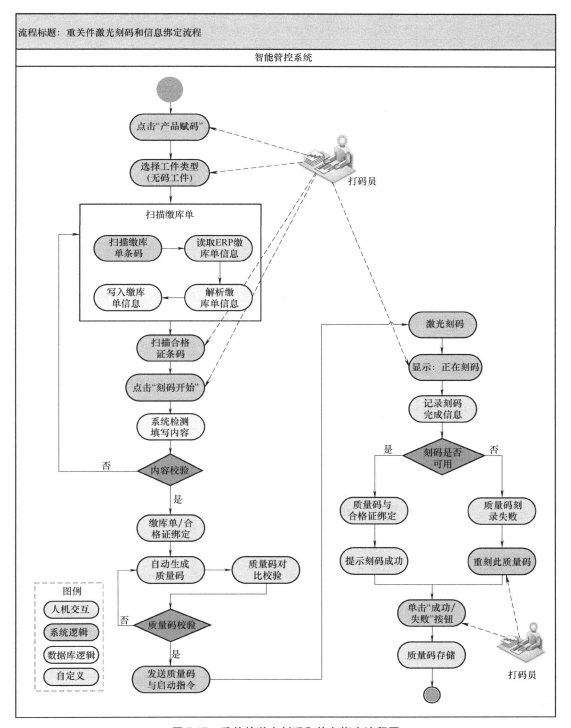

图 7-17 重关件激光刻码和信息绑定流程图

2）流程描述，重关件激光刻码和信息绑定流程见表 7-20。

表 7-20　重关件激光刻码和信息绑定流程

编号		1-1	名称	重关件激光刻码和信息绑定流程
描述		通过 MES 的物料打码模块，自动生产编码，驱动激光刻码系统，在产品表面进行激光刻码，同时把物料信息和二维码进行关联，实现物料赋码		
发起者		打码员工	参与者	打码员工
触发条件		手工		
前置条件		已经打印缴库单		
后置条件		物料入库		
主干过程	步骤	操作		
	1	单击 MES 中赋码程序		
	2	工件类型包括有码和无码，选择工件类型为无码工件		
	3	填写扫描码信息，其中产品信息是通过扫描缴库单完成		
	4	MES 调取 ERP 系统中的缴库单信息		
	5	解析缴库单信息内容		
	6	把缴库单信息写入打码信息表中		
	7	在刻码信息表中写入合格证的方式是通过扫描合格证二维码实现的		
	8	员工点击"刻码控件"		
	9	系统检测刻码完整性和准确性，信息完整进入下一步，信息不完整则反馈扫描缴库单步骤		
	10	系统绑定缴库单信息和合格证号，并把所有输入信息进行存储		
	11	系统按照编码规则生成产品编码		
	12	系统把生成的编码与编码库中的编码进行比对		
	13	编码符合规则，且不重复则进入下一步；如果编码不符合规则，则重新生成编码		
	14	编码合格，则系统把编码和开始打印信息发送给打印系统		
	15	激光刻印系统开始刻码		
	16	系统中显示正在刻码		
	17	激光刻码系统刻码完成，反馈信息给 MES		
	18	激光刻码系统监控刻码过程，反馈刻码过程是否正常		
	19	系统接到刻码正常运行信号，二维码与合格证信息绑定		
	20	系统弹出刻码成功对话框		
	21	系统接到刻码正常运行信号，编码信息作废并标记		
	22	系统弹出刻码失败对话框		
	23	员工单击"失败/成功"按钮		
	24	刻码信息存储		
扩展过程	步骤	操作		
错误异常	刻码是否正常	刻码过程中断，认为终止刻码过程		
问题		无		

（2）涉及人员　本业务涉及的主要人员及职责见表 7-21。

表 7-21 重关件激光刻码和信息绑定流程涉及人员说明

序号	部 门	角 色	职 责	备 注
1	机加车间	打码工	输入产品信息，调整工件姿态，操作终端激光打码	

2. 物料齐套性检查流程

（1）流程及描述 MES 与立体库系统集成，实时获取立体库系统中的库存信息，实现对生产任务的齐套性检查，根据产品制造 BOM 和实时库存信息进行齐套性检查，将齐套性检查结果按照装配工位分别列出，当检查结果中出现物料短缺时，系统自动生成缺料单并给出报警信息。

1）业务流程图如图 7-18 所示。

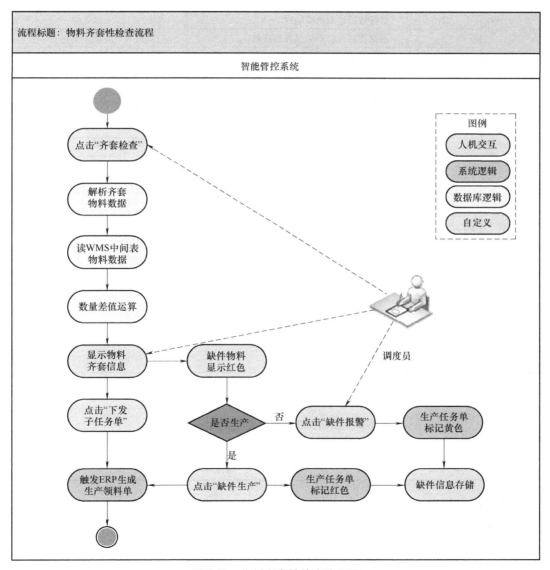

图 7-18 物料齐套性检查流程图

2）流程描述，物料齐套性检查见表 7-22。

表 7-22　物料齐套性检查说明

编号	2-1		名称	物料齐套性检查
描述	通过 MES 的物料性检查模块，可以在生产子任务下发之前，对生产所需物料进行检查，可以缺料生产，对生产缺料情况进行预警			
发起者	调度员		参与者	调度员
触发条件	手工			
前置条件	生产排产完成			
后置条件	计划物料齐套/计划物料缺料显示			
主干过程	步骤		操作	
	1		调度员进入生产计划下发界面，点击物料齐套检查控件	
	2		系统解析计划所需物料	
	3		系统在后台自动生成齐套计划	
	4		提取 WMS 中间表中物料信息和物料库存信息	
	5		系统后台对所需物料与库存物料数进行差额运算	
	6		显示物料是否齐套及缺料数量	
	7		计划所缺的物料信息显示红色	
	8		调度员判断是否继续生产	
	9		调度员点击"缺件报警控件"	
	10		订单标记黄色	
	11		调度员点击"缺件生产控件"	
	12		订单显示红色	
	13		生产计划缺件信息更新存储	
	14		物料齐套、缺件信息发给 ERP 系统，ERP 系统生产领料单	
扩展过程	步骤		操作	
错误异常				
问题	无			

（2）涉及人员　本业务涉及的主要人员及职责见表 7-23。

表 7-23　物料齐套性检查流程涉及人员说明

序号	部门	角色	职责	备注
1	装配车间	调度	领料计划下发，物料齐套性检测	

3. 物料配送管理

（1）流程及描述　通过 MES 与 WMS、AGV 联动，实现生产任务拉动物料配料计划及 AGV 自动配送。物料自动配送是本次项目的核心功能。

1）业务流程图如图 7-19 和图 7-20 所示。

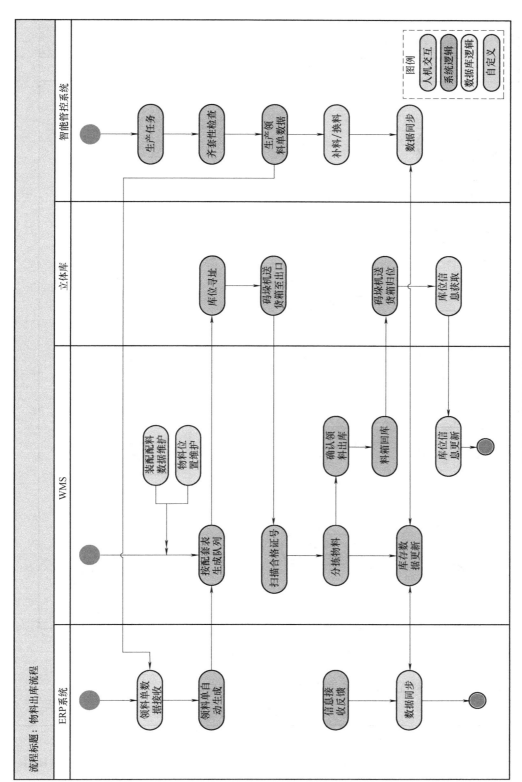

图 7-19 物料出库流程图

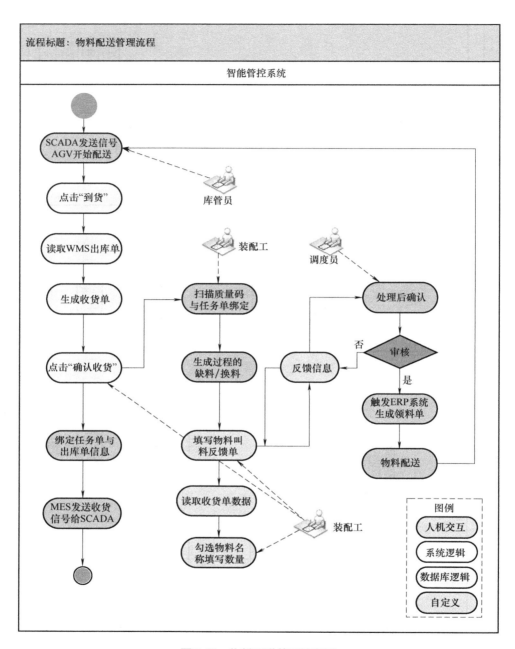

图 7-20　物料配送管理流程图

2）流程描述，物料配送管理见表 7-24。

表 7-24　物料配送管理描述

编号	3-1	名称	物料配送管理
描述	通过 MES 的物料配送管理模块，实现物料的接收，并且对生产中出现的缺料和换料情况，进行现场叫料，实现快速配送		

（续）

发起者	操作工	参与者	操作工、班组长、调度
触发条件	手工		
前置条件	AGV 物料配送到工位		
后置条件	生产结束		

	步骤	操作
主干过程	1	AGV 配送到工位站点后，触发站点传感，信息传递给 SCADA 系统，由 SCADA 系统把信息传递给 MES
	2	MES 受到 SCADA 系统发出的物料到货信号
	3	MES 从中间表读取 WMS 发货数据
	4	系统把调取 WMS 发货数据写入收货清单
	5	员工核对物料和数目
	6	物料和数目没有问题，则点击"确认收货控件"，完成收货
	7	系统把发货内容与工单绑定，对收货数据更新存储
	8	MES 发送已收货信号给 SCADA 系统，SCADA 系统控制 AGV 执行下一个指令
	9	收货后员工开始生产，生产中发现缺料/或者更换物料的需要
	10	员工用扫码枪扫描重关件二维码
	11	系统把工件二维码与生产工单绑定
	12	员工点击"缺/换料控件"，呼叫补换物料
	13	系统提取收货清单数据
	14	把数据写入本班次的缺/换料被选清单中，系统弹出清单
	15	员工填写叫料原因，勾选补料或换料选项
	16	员工勾选需要补/换的物料内容，并且填写响应的数量
	17	员工信息填写没有问题，点击"确认控件"，确认信息内容
	18	信息发送给需要审批的层级，班长或调度员，审批上级通过刷卡确认是否批准
	19	流程被否定后，流程标记结束
	20	流程审批通过，MES 发送领料需求给 ERP 系统，生成领料清单，在有配送系统配送到响应的生成工位

	步骤	操作
扩展过程		
错误异常		

问题	无

（2）涉及人员　本业务涉及的主要人员及职责见表 7-25。

表 7-25　物料配送管理流程涉及人员说明

序号	部　门	角　色	职　责	备　注
1	装配车间	操作工	叫料、收料和下料	
2	装配车间	班组长	物料领用审批	
3	装配车间	调度员	物料领用审批	

7. 2. 8　质量管理

MES 质量管理模块负责前箱装配过程中所有质量数据采集、质量管理流程维护、检验流程、质量问题追溯等。同时 MES 采集到的质量信息与 QMS 进行数据互通。MES 将重要过程质量信息与质检结论信息发送给 QMS 进行进一步分析。QMS 将分析结论及不合格品处理等信息返回 MES，形成闭环。

1. 用户需求模块功能对照

业务需求与系统功能见表 7-26。

表 7-26　业务需求与系统功能说明

编　号	系 统 功 能	业 务 需 求
1-1	质量检验管理	质量检验管理
1-2	不合格品管理	
2-1	不合格品管理	不合格品管理

2. 相关数据流转

质量管理流程图如图 7-21 所示。

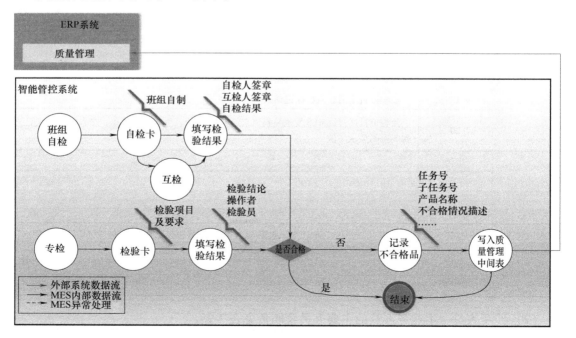

图 7-21　质量管理流程图

3. 质量检验管理

（1）流程及描述

1）业务流程图如图 7-22 所示。

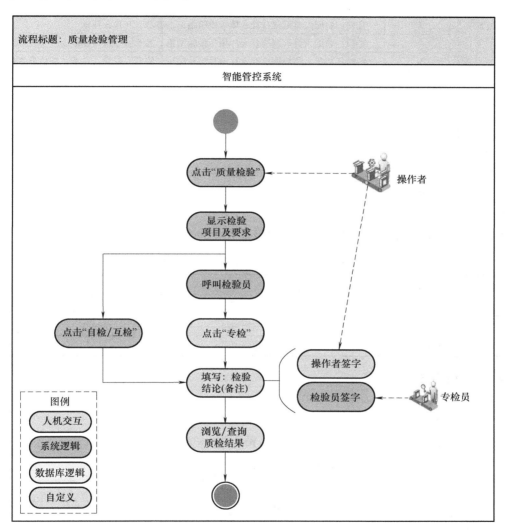

图 7-22　质量检验管理流程图

2）流程描述，质量检验管理说明见表 7-27。

表 7-27　质量检验管理说明

编号	1-1	名称	质量检验管理
描述	质量检验管理是对生产过程中质检数据的采集		
发起者	生产装配者	参与者	互检人、专检员、特检员
触发条件	车间计划员点击"质量检验"		
前置条件	检验卡片与任务单相关联		
后置条件	班组维护自用的自检卡		

（续）

	步骤	操作
主干过程	1	在任务运行页面点击"质量检验"
	2	自检：装配人员根据自检卡填写检验结论，签章
	3	互检：装配人员根据自检卡填写检验结论，签章，互检人签章
	4	专检：装配人员根据检验卡片填写检验结论，签章，专检人签章
	5	特检：装配人员根据检验卡片填写检验结论，签章，专检人签章，特检员签章
	6	根据子任务单查询质检数据
扩展过程	步骤	操作
错误异常		
问题		无

（2）涉及人员　本业务涉及的主要人员及职责见表7-28。

表 7-28　质量检验管理涉及人员说明

序号	部门	角色	职责	备注
1	车间	生产班组	质检数据填写	
2	车间	专检员	质检数据填写	
3	特检员		质检数据填写	

4. 不合格品管理

（1）流程及描述

1）业务流程图如图7-23所示。

2）流程描述，不合格品管理流程说明见表7-29。

表 7-29　不合格品管理流程说明

编号	2-1		名称	不合格品管理
描述	质检过程过程中出现不合格品时，MES采集不合格品信息，并发送至ERP系统			
发起者	生产装配者		参与者	专检员、特检员
触发条件	车间计划员点击"质量检验"			
前置条件	检验卡片与任务单相关联			
后置条件	班组维护自用的自检卡			
主干过程	步骤	操作		
	1	在任务运行页面点击"质量检验"		
	2	专检：装配人员根据检验卡片填写检验结论，签章，专检人签章		
	3	特检：装配人员根据检验卡片填写检验结论，签章，专检人签章，特检员签章		
	4	在MES填写不合格品审理单，保存后，由接口将数据发送至ERP系统中间表		
	5	由ERP系统质量管理人员将中间表的不合格品信息导入到质量管理系统，质量管理系统可以开展相关不合格品审理的后续流程		

（续）

扩展过程	步骤	操作
		MES 与 ERP 系统质量管理的接口
错误异常		
问题		无

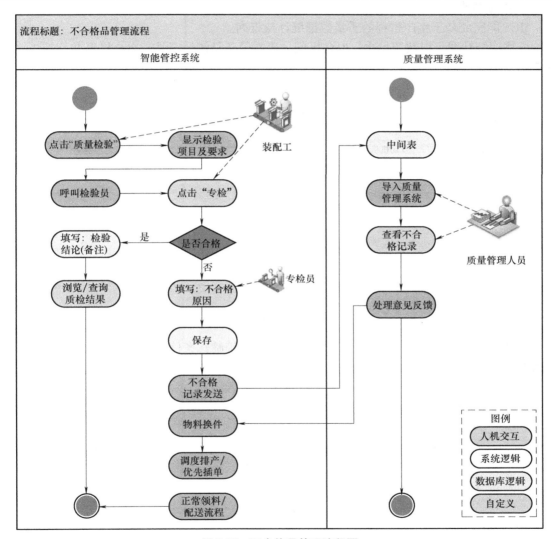

图 7-23 不合格品管理流程图

（2）涉及人员 本业务涉及的主要人员及职责见表 7-30。

表 7-30 不合格品管理涉及人员说明

序号	部 门	角 色	职 责	备 注
1	车间	生产班组	质检数据填写	
2	车间	专检员	质检数据填写	

（续）

序号	部　门	角　色	职　责	备　注
3	特检员		质检数据填写	
4	车间	质检员	导入不合格品数据至 ERP 系统，并进行后续流程。	

5. 质量查询与统计

MES 能完成基于生产过程的质量数据统计与查询。

合格率统计图可以按照批次、时间区间、班次等条件统计产品一次合格率及其趋势，如图 7-24 所示。

一次装配合格率				
工位号:		发动机机型:		查询
开始时间:		结束时间:		
日期	发动机机型	合格数量	装配数量	合格率(%)
小计				

图 7-24　一次合格率

质量缺陷率统计图可以按批次、时间区间、班次等筛选条件统计每类缺陷发生率，举例如图 7-25 所示。

序号	项目	频数	累计	累计%
A	接头焊接缺陷	4871	4871	46.02
B	网线外露	2123	6994	66.08
C	内毛边	1521	8515	80.45
D	成型不足	998	9513	89.88
E	成型部缩水	981	10494	99.15
F	绝缘缺陷	51	10545	99.63
G	导通缺陷	41	10586	100.00

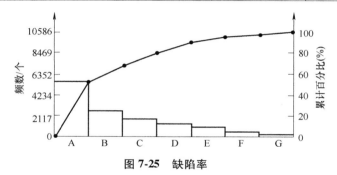

图 7-25　缺陷率

7.2.9 生产看板管理

1. 用户需求模块功能对照

业务需求与系统功能说明见表7-31。

表 7-31 业务需求与系统功能说明

编　　号	系 统 功 能	业 务 需 求
1-1	任务进度监控	任务进度监控
1-2	作业进度查询	作业进度查询
1-3	在制品监控	在制品监控
1-4	库存监控	库存监控
1-5	生产质量监控	生产质量监控
1-6	三维工艺文件查看	三维工艺文件查看

2. 相关数据流转

前箱装配班组接收到 MES 下发的子任务单并启动生产执行后，生产过程数据将采集到 MES，用户通过 MES 的监控界面可以实时观测生产工单的执行进度、作业运行状态，获取装配物料的信息、工艺过程数据、质量检测数据等生产过程的所有相关信息。为生产管理人员实时掌握生产现场情况，合理调度和指挥生产提供可靠保障。生产看板流程图如图 7-26 所示。

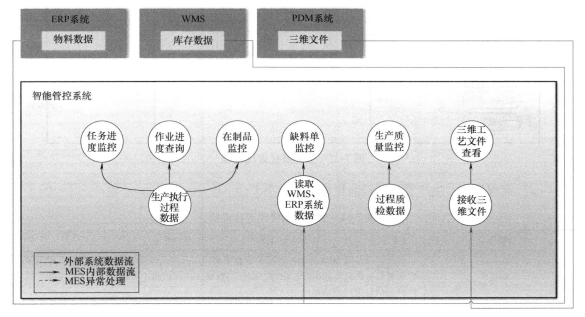

图 7-26　生产看板流程图

生产过程数据包含任务进度监控、作业进度查询、在制品监控三部分内容，主要展示生产过程类数据，展示形式为汇总后的图表。

生产质量监控侧重于显示质检过程数据，根据合格结论及异常问题反馈计算一次装配合格率等。

物料监控主要是反应缺料信息的监控，班组实时掌握缺料情况并组织领料。

三维工艺文件：生产工位智能管控终端可以查看三维 PDF 图样，以指导工位生产。

3. 流程及描述

（1）业务流程图　生产看板管理流程如图 7-27 所示。

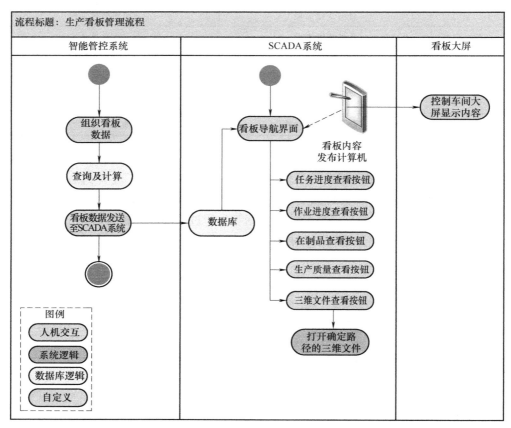

图 7-27　生产看板管理流程

（2）流程描述　生产看板管理流程说明见表 7-32。

表 7-32　生产看板管理流程说明

编号	1-1	名称	生产看板
描述	生产看板是对 MES 的生产过程采集数据的展示。展示方式为车间大屏投放。展示内容主要是生产过程的进度、库存、质量等数据，也可以将企业内部的公告、通知、工厂日历信息进行滚动播放		
发起者		参与者	
触发条件			
前置条件	MES 与 SCADA 系统的实时数据传输		
后置条件			

（续）

	步骤	操作
主干过程	1	MES 将看板展示的数据以既定的时间频率发送到 SCADA 系统。数据由 MES 统计与计算，SCADA 系统只对接收到的数据进行画面组态，不对数据进行修改
	2	在 SCADA 系统制作导航页面，单击每个按钮打开对应的看板监控画面，当前打开的画面可发布到车间看板
	3	SCADA 系统可以对每个监控画面按照设定的时间滚动切换，大屏显示内容同步滚动
	4	工艺三维指导作业动画文件：单击相应按钮，打开三维文件指定的服务器路径，进行播放和投放
扩展过程	步骤	操作
错误异常		
问题		无

4. 看板内容

（1）任务进度监控　任务进度监控界面如图 7-28 所示。

任务进度监控
计划号
任务号
计划名称
执行情况
完成数量
计划量
实际开工日期
计划开工日期
计划执行进度

注：1.所有生产任务完成，则生产计划完成，否则都视为执行中。
2.有生产任务为暂停时，此生产计划状态为暂停，所有生产任务为执行中，则计划状态变为执行中。

图 7-28　任务进度监控界面

（2）作业进度查询　作业进度查询界面如图 7-29 所示。

作业进度查询
任务号
子任务号
产品名称
任务状态
作业执行状态
完成数量
计划量
实际开工日期
计划开工日期
作业执行进度

图 7-29　作业进度查询界面

（3）在制品监控　在制品监控界面如图 7-30 所示。

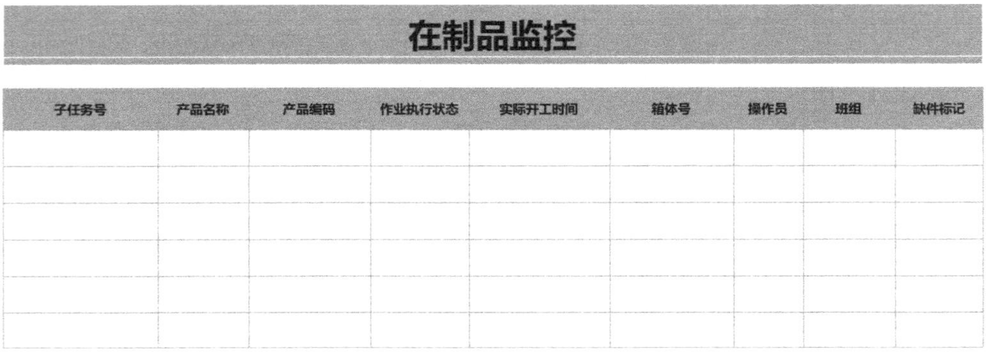

子任务号	产品名称	产品编码	作业执行状态	实际开工时间	箱体号	操作员	班组	缺件标记

图 7-30　在制品监控界面

（4）库存监控　库存监控界面如图 7-31 所示。

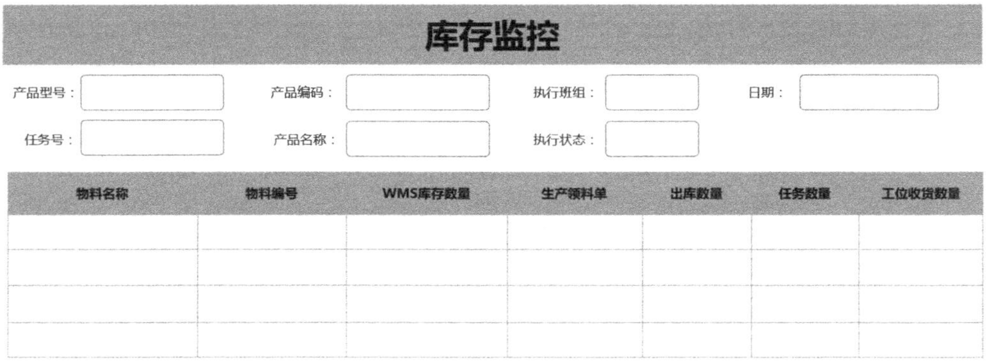

产品型号：＿＿＿＿＿　产品编码：＿＿＿＿＿　执行班组：＿＿＿＿＿　日期：＿＿＿＿＿

任务号：＿＿＿＿＿　产品名称：＿＿＿＿＿　执行状态：＿＿＿＿＿

物料名称	物料编号	WMS库存数量	生产领料单	出库数量	任务数量	工位收货数量

图 7-31　库存监控界面

（5）质量监控　质量监控界面如图 7-32 所示。

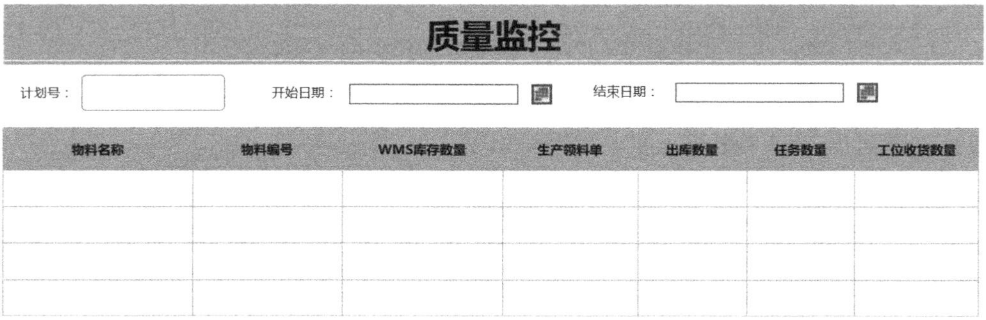

计划号：＿＿＿＿＿　开始日期：＿＿＿＿＿　结束日期：＿＿＿＿＿

物料名称	物料编号	WMS库存数量	生产领料单	出库数量	任务数量	工位收货数量

图 7-32　质量监控界面

7.2.10　在制品跟踪与产品追溯

1. 用户需求模块功能对照

业务需求与系统功能说明见表 7-33。

表 7-33　业务需求与系统功能说明

编　号	系统功能	业务需求
1-1	在制品跟踪	在制品跟踪
2-1	产品信息归档	产品信息归档
3-1	产品信息追溯	产品信息追溯
4-1	产品质量追溯	产品质量追溯
5-1	外协产品追踪	外协产品追踪
6-1	工厂建模	工厂建模
6-2	组织机构管理	
6-3	班组管理	组织及人员管理
6-4	人员管理	
6-5	用户及权限管理	用户及权限管理
6-6	工厂日历管理	工厂日历管理
6-7	物料主数据管理	物料主数据及制造 BOM 管理
6-8	制造 BOM 管理	
6-9	用户字典	用户字典

2. 在制品跟踪

在制品跟踪功能可实现对某具体箱体装配进度的监控，能详细了解箱体装配到了哪个工步，使用的重关件编号等。

MES 将每个子任务单按照工艺路线分成若干个工步，根据工艺要求在某个工步扫描重关件二维码，MES 将此二维码与子任务单做关联，并记录时间、班组、扫码人员 ID 号等信息。通过在在制品跟踪查询页面输入箱体号，可对工位在制品信息进行详细跟踪。

（1）流程及描述　在制品跟踪业务流程图如图 7-33 所示。

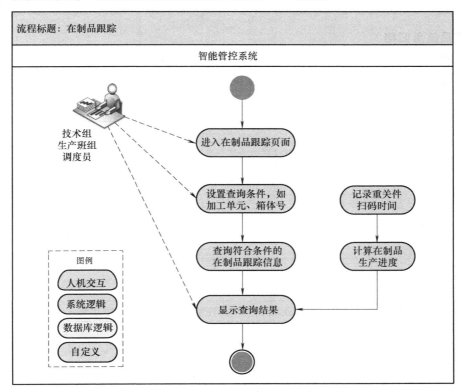

图 7-33　在制品跟踪业务流程图

235

（2）流程描述　在制品跟踪业务流程说明见表7-34。

表7-34　在制品跟踪业务流程说明

编号		1-1	名称	在制品跟踪
描述		MES 实时显示生产线上在制品的信息及生产线设备信息，并可以根据查询条件进行筛选。生产线在制品生产进度数据来源于重关件扫描时间		
发起者		各业务部门	参与者	
触发条件		手工/自动触发		
前置条件				
后置条件				
主干过程	步骤	操作		
	1	用户（各业务部门操作工）打开"在制品追踪与产品追溯→在制品追踪"页面		
	2	设置查询条件，如加工单元、箱体号等		
	3	显示查询结果		
扩展过程	步骤	操作		
错误异常				
问题		无		

3. 产品信息归档

（1）流程及描述　产品信息归档业务流程图如图7-34所示。

（2）流程描述　产品信息归档业务流程说明见表7-35。

表7-35　产品信息归档业务流程说明

编号		2-1	名称	产品信息归档
描述		MES 对产品相关联的全部信息进行归档存储，包括对应计划工单、BOM、加工设备、操作工、检验员、接收数量、废品信息、质量信息、入库信息等详细信息，形成产品全生命周期的一条时序信息链		
发起者		各业务部门	参与者	
触发条件		手工/自动触发		
前置条件				
后置条件				
主干过程	步骤	操作		
	1	用户（各业务部门操作工）打开"在制品追踪与产品追溯→产品信息归档"页面		
	2	输入产品编号		
	3	点击"产品归档"，从各个产品生产阶段提取信息		
	4	如果该产品已存在，则更新产品信息，不存在则新增产品信息		
	5	操作成功，刷新产品信息归档页面		

（续）

	步骤	操作
扩展过程	1	点击"产品归档查询"，查询产品信息归档记录
错误异常		
问题		无

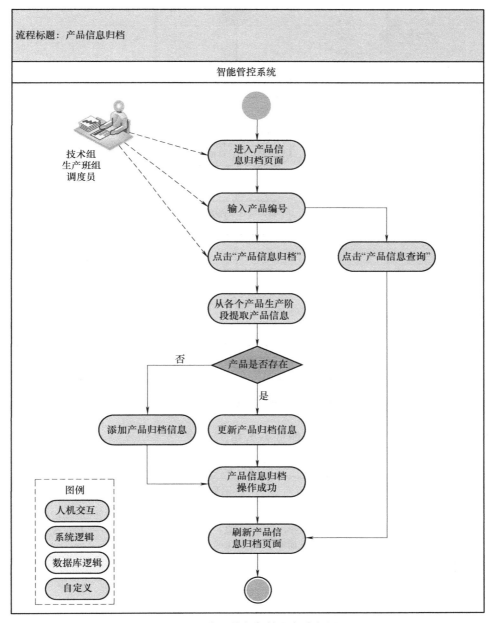

图 **7-34** 产品信息归档业务流程图

4. 产品信息追溯

（1）流程及描述　产品信息追溯业务流程图如图 7-35 所示。

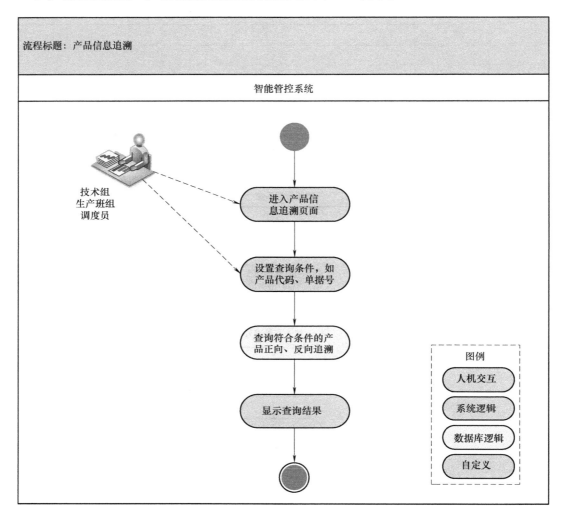

流程标题：产品信息追溯

智能管控系统

技术组
生产班组
调度员

进入产品信息追溯页面

设置查询条件，如产品代码、单据号

查询符合条件的产品正向、反向追溯

显示查询结果

图例
人机交互
系统逻辑
数据库逻辑
自定义

图 7-35　产品信息追溯业务流程图

（2）流程描述　产品信息追溯说明见表 7-36。

表 7-36　产品信息追溯说明

编号	3-1	名称	产品信息追溯
描述	MES 可以使用产品代码、规格、单据号、物料信息等信息对产品信息进行正向、逆向追溯查询，获得产品生产信息、质检信息、流通信息等，并使用这些关键信息对生产进行反馈，从而促进工艺技术的升级及产品质量的提升			
发起者	各业务部门	参与者	
触发条件	手工/自动触发		
前置条件			

（续）

	步骤	操作
后置条件		
主干过程	步骤	操作
	1	用户打开"在制品追踪与产品追溯→产品信息追溯"页面
	2	设置查询条件，如产品代码、单据号等
	3	显示产品信息正向、逆向追溯查询结果
扩展过程	步骤	操作
错误异常		
问题		无

5. 产品质量追溯

（1）流程及描述　产品质量追溯业务流程图如图 7-36 所示。

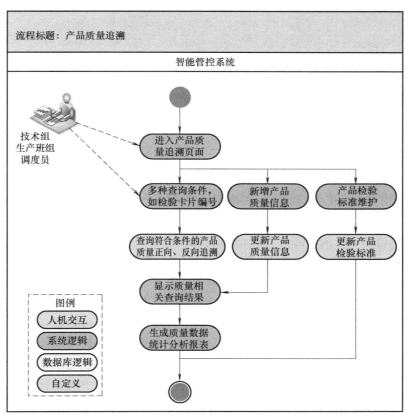

图 7-36　产品质量追溯业务流程图

（2）流程描述　产品质量追溯业务流程说明见表 7-37。

表 7-37　产品质量追溯业务流程说明

编号	4-1		名称	产品质量追溯
描述	MES 实现对产品质量状况和质量各种指标进行管理和监控，支持各种质量信息查询、录入和追踪等功能，并实现产品检验标准维护、质量数据统计分析报表等功能			
发起者	各业务部门		参与者	
触发条件	手工/自动触发			
前置条件				
后置条件				
主干过程	步骤	操作		
	1	用户打开"在制品追踪与产品追溯→产品质量追溯"页面		
	2	设置查询条件，如产品质量跟踪卡编号		
	3	显示产品质量正向、逆向追溯查询结果		
	4	生成质量数据统计分析报表		
扩展过程	步骤	操作		
	1	新增产品质量信息		
	2	产品检验标准维护		
错误异常				
问题	无			

6. 基础管理

（1）工厂建模

1）模型对象命名原则。

① S95 物理模型对象。基于 S95 标准定义了一种结构化的设备层次模型，即 Site、Area、Cell、Unit，如图 7-37 所示。

Site——通用的、可扩展的组织，制造不同种类的产品。一家典型的企业通常由一个或多个 Site 组成。例如，机电厂第二分厂可以定义为一个 Site。

Area——执行 Site 中的一部分生产活动的机构。在一个 Site 之内，一个典型的 Area 能够很便捷地处理一种特殊的生产，通常 Area 会包括一些较低层次的对象，如 Unit 和 Cell。例如，物流仓库、车间可以定义为一个单独的 Area。

Cell 和 Unit——在一个 Area 内部，在制造产品时来执行操作的元素。Unit 是最基本的设备单元，一个 Cell 可以包含多个 Unit。举例来说，一个装配工位可以定义为一个 Unit；而生产准备区、分料区、装配区、接线区可以定义为一个 Cell，此 Cell 可以包含多个工位 Unit。

② 对象的命名约定。目前的约定仅适用于物理模型，对于与 PM 中的 RULE 和 PO（Production U_OPeration）相关的，例如，如何命名 RULE 和 PO 中的处理元素，及如何定义临时变量等将在实施阶段进行考虑。

对于物理模型的对象命名，采用 Library 的名称缩写作为前缀，具体内容参见相关的 Library 名称缩写对照表，并且会在开发阶段进一步完善。

对象命名规则为"前缀_ 对象名称"：使用一个字符来表示对象处于 S95 标准模型的哪

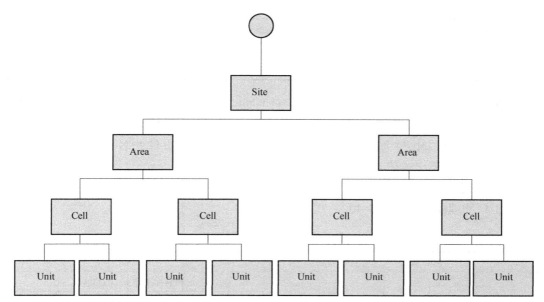

图 7-37 工厂建模架构模型

个层次；接下来就是对象的英文名称；各部分采用下划线"_"来连接。

各种不同对象的前缀说明见表 7-38。

表 7-38 各种不同对象的前缀说明

对 象 类 型	命 名 原 则	备 注
Site	S_	工厂
Area	A_	车间
Cell	C_	区域
Unit	U_	工位
LogiC_Cell	CL_	逻辑 Cell
LogiC_Unit	UL_	逻辑 Unit

③ 属性的命名约定。定义某个对象的属性，采用两位大写英文字母做前缀，第一个字母表示属性的动态、静态特性，"S"表示静态，"D"表示动态；第二个字母表示属性的数据类型，见表 7-40；字母后接下划线，然后是属性的英文描述。

例如，ST_UGID 表示静态文本类型属性，该属性表示一个唯一标识号。

数据类型缩写对照表，见表 7-39。

表 7-39 数据类型缩写对照表

数 据 类 型	数据类型缩写	备 注
Quantity	Q	
Integer	I	
Float	F	
Truth_value	B	

（续）

数 据 类 型	数据类型缩写	备 注
Symbol	S	
Text	T	

④ 方法、事件的命名约定。方法（或事件）的命名原则包括方法（或事件）的名称及方法（或事件）的输入、输出参数。

方法的名称以"M_"为前缀，其后接方法的英文描述；事件的名称采用"E_"为前缀，其后接事件的英文描述。

方法（或事件）参数的命名采用与对象的属性命名相同的规则。

2）工厂物理模型，见表 7-40。

表 7-40　工厂物理模型说明

Site 层	Area 层	Cell 层	Unit 层	
综合传动分厂 S_ZHCD	车间 A_203	前箱装配区域 C_FBF	前箱装配工序 1	U_FBA1
			前箱装配工序 2	U_FBA2
			前箱装配工序 3	U_FBA3
			前箱装配工序 4	U_FBA4
			前箱装配工序 5	U_FBA5
		后箱装配区域 C_BBF	后箱装配工序 1	U_BBA1
			后箱装配工序 2	U_BBA2
			后箱装配工序 3	U_BBA3
			后箱装配工序 4	U_BBA4
			后箱装配工序 5	U_BBA5
		合箱装配区域 C_CBF	合箱装配工序 1	U_CBA1
			合箱装配工序 2	U_CBA2
			合箱装配工序 3	U_CBA3
			合箱装配工序 4	U_CBA4
			合箱装配工序 5	U_CBA5
		整机外围装配单元 C_TMF	整机外围装配工序 1	U_TMA1
			整机外围装配工序 2	U_TMA2
			整机外围装配工序 3	U_TMA3
			整机外围装配工序 4	U_TMA4
			整机外围装配工序 5	U_TMA5
			整机外围装配工序 6	U_TMA6
		检验单元 C_QCF	检验单元 1	U_BQC1
			检验单元 2	U_BQC2
			检验单元 3	U_BQC3
			检验单元 4	U_BQC4

（续）

Site 层	Area 层	Cell 层	Unit 层
综合传动分厂 S_ZHCD	车间 A_203	小零件装配区 C_WTF	液力变矩器装配单元　U_WTF1
			左右汇流排装配单元　U_WTF2
			一三轴、离合器装配单元　U_WTF3
			小零件装配单元　U_WTF4
		清洗区 C_RIN	超声波清洗单元　U_RIN1
			通过式清洗单元　U_RIN2
			高压清洗单元　U_RIN3

（2）组织及人员管理

1）组织机构管理流程图如图 7-38 所示。

流程描述，组织机构管理流程说明见表 7-41。

表 7-41　组织机构管理流程说明

编号		6-2	名称	组织机构管理
描述		系统管理员查询/增加/修改/删除组织机构信息/绑定班组		
发起者		系统管理员	参与者	
触发条件		手工触发		
前置条件				
后置条件				
主干过程	步骤	操作		
	1	用户进入组织机构信息维护界面		
	2	查询组织机构层级树状图		
	3	选择某条信息记录		
	4	修改后保存组织机构信息记录		
	5	更新系统中的组织机构信息记录		
扩展过程	步骤	操作		
	1	单击"新增"按钮，录入新的组织机构信息记录并保存		
	1	删除选定的组织机构信息记录		
	2	选择班组，绑定到部门		
错误异常				
问题		无		

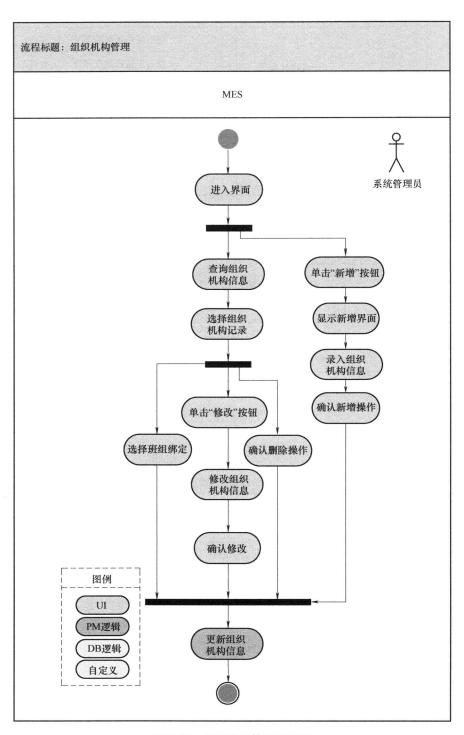

图 7-38　组织机构管理流程图

2）班组信息维护业务流程图如图7-39所示。

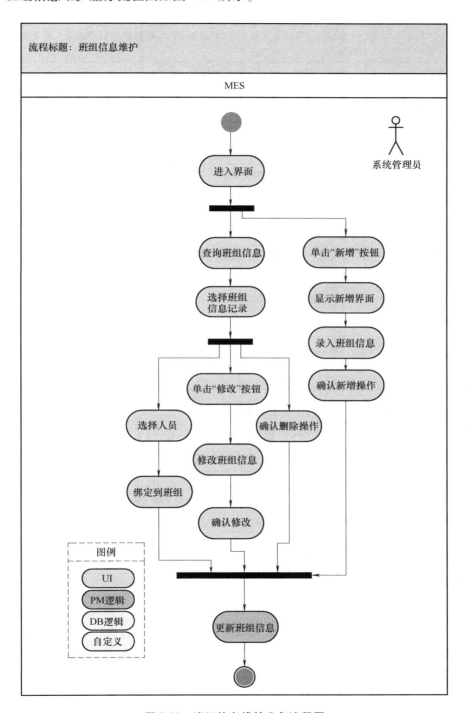

图7-39　班组信息维护业务流程图

流程描述，班组信息维护说明见表7-42。

表 7-42　班组信息维护说明

编号	6-3		名称	班组信息维护
描述	系统管理员绑定人员到班组/增加/修改/删除班组信息记录，将人员与班组进行绑定			
发起者	系统管理员		参与者	
触发条件	手工触发			
前置条件				
后置条件				
主干过程	步骤	操作		
	1	用户进入班组信息维护界面		
	2	增加班组信息		
	3	选择某条信息记录		
	4	修改班组信息记录		
	5	更新系统中的部门/班组信息记录		
扩展过程	步骤	操作		
	1	选择人员，将人员绑定到班组		
	2	删除选定的班组信息记录		
错误异常				
问题	无			

3）人员信息、维护业务流程图如图 7-40 所示。

流程描述，人员信息维护流程说明见表 7-43。

表 7-43　人员信息维护流程说明

编号	6-4		名称	人员信息维护
描述	系统管理员查询/同步人员信息，通过 ERP 系统集成接口获取人员基础数据			
发起者	系统管理员		参与者	
触发条件	手工触发			
前置条件				
后置条件				
主干过程	步骤	操作		
	1	用户进入人员信息维护界面		
	2	查询人员信息，显示信息包括人员名称、邮箱、电话号码、手机号码、岗位、班组等		
	3	同步人员信息		
	4	更新系统中的人员信息记录		
扩展过程	步骤	操作		
	1	单击"同步"按钮，查看待同步人员信息，确认同步		

（续）

错误异常		
问题		无

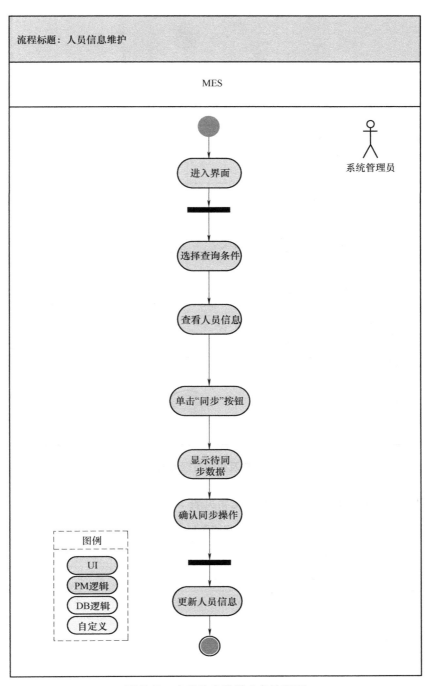

图 7-40　人员信息维护业务流程图

（3）用户及权限管理　业务流程图如图 7-41 所示。

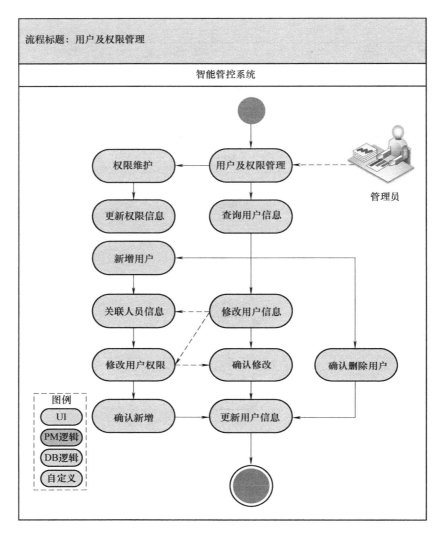

图 7-41　用户及权限管理业务流程图

流程描述，用户及权限管理业务流程说明见表 7-44。

表 7-44　用户及权限管理业务流程说明

编号	6-5	名称	用户及权限管理
描述	系统管理员查询/维护用户信息		
发起者	系统管理员	参与者	
触发条件	手工触发		
前置条件			
后置条件			

（续）

	步骤	操作
主干过程	1	用户进入用户及权限管理界面
	2	查询用户信息
	3	对用户进行增/删/改操作，并可以修改关联人员信息和权限管理
	4	更新系统中的用户信息记录
扩展过程	步骤	操作
	1	单击"权限维护"按钮，进行权限维护
错误异常		
问题		无

用户及权限管理，就是通过定义用户 ID、用户名称及其所属用户组和用户登录 MES、浏览页面、操作业务等系统资源的权限。

用户仅仅是纯粹的用户，用来记录用户基本的属性信息，如登录账号、登录密码、真实姓名等。用户（User）要拥有对系统中功能模块的访问权限，必须由管理员对其系统访问权限进行配置和管理，通过继承岗位权限或者通过用户——角色的关联或者单独配置来获取用户的权限信息，并保存在系统功能权限配置表中，实现用户权限的配置管理。

身份识别是 MES 安全的基础策略，是指用户向系统出示身份证明，系统查核用户的身份证明，根据用户权限分配请求操作和资源的过程。身份识别可以防止未经授权的访问，还可以通过获取用户真实身份，执行对权限管理的安全策略。

访问控制是 MES 安全的核心策略，它的主要任务是保证网络资源不被非法使用和访问。访问控制规定了主体对客体访问的限制，并在身份识别的基础上根据身份对提出资源访问的请求加以控制。

安全审计是 MES 安全的保证策略，是对系统历史事件、异常信息、用户操作等信息进行记录，并将其作为系统维护及安全防范的依据。

MES 的账户权限提供了足够细的分配颗粒度，可以满足 MES 开发、实施、管理、维护过程中涉及的所有账户权限划分需求。

MES 可以与 ERP 系统用户管理集成，用户进入操作系统后，无须再次输入 MES 的用户名和密码，即可实现系统的自动或单点登录。

（4）工厂日历管理 MES 对工厂的生产日历进行管理，通常生产日历从 ERP 系统接收或者直接在 MES 创建和管理。

车间生产日历的定义包括以下内容。

1）工作时间定义，对各个工作时间段的开始时间、结束时间进行定义。

2）休息时间定义，对工作暂停时间进行定义，如上午休息时间、午饭时间等，休息时间可以与工作时间进行关联。

3）班次定义，对各个生产班次进行定义，如早班、中班、晚班，并与班组和工作日历进行关联，形成轮班日历。

4）工作日定义，定义工作日的班次信息。

5）节假日定义，对法定的节假日进行定义。

6）日历模板定义，通过日历模板的创建，可以在系统中自动生成相应的工厂日历实例。

工厂日历生成后，进行多级关联，包括工厂、车间、生产线和设备。同时，基于设备的工厂日历，在设备空闲时间段设定维护计划，安排计划性维护，可提高设备利用率。

工厂日历的设定由各个部门分别完成，MES 对其进行统一管理和查询。

（5）物料主数据及制造 BOM 管理

1）物料主数据管理业务流程图如图 7-42 所示。

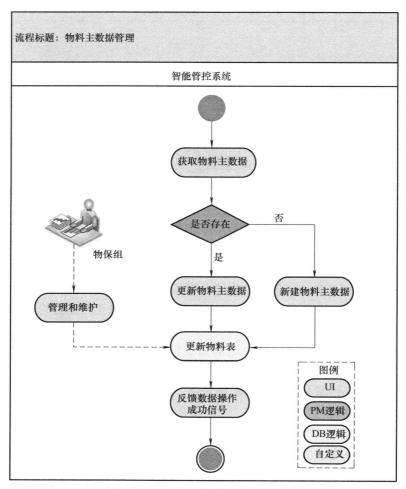

图 7-42　物料主数据管理业务流程图

流程描述，物料主数据管理业务流程说明见表 7-45。

表 7-45　物料主数据管理业务流程说明

编号	6-7	名称	物料主数据管理
描述	通过与 ERP 系统集成，获取物料主数据，创建到 MM 系统中，并可以对这些物料基础数据进行管理和维护		
发起者	ERP	参与者	

（续）

	步骤	操作
触发条件		自动
前置条件		ERP 系统与 MES 之间的接口畅通
后置条件		物料主数据创建/更新到 MM 系统中
主干过程	步骤	操作
	1	通过 ERP 系统与 MES 的集成接口，获取物料主数据
	2	判断当前物料主数据是否存在
	3	如果存在，则更新物料主数据
	4	如果不存在，则将当前物料主数据创建到 MM 系统中
	5	反馈物料主数据创建/更新成功信号
	6	
扩展过程	步骤	操作
	1	对这些物料基础数据进行管理和维护
错误异常		
问题		无

2）制造 BOM 管理业务流程图如图 7-43 所示。

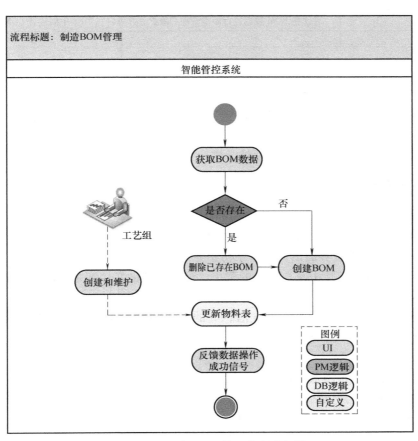

图 7-43　制造 BOM 管理业务流程图

流程描述，制造 BOM 管理业务流程说明见表 7-46。

表 7-46　制造 BOM 管理业务流程说明

编号	6-8		名称	制造 BOM 管理
描述	通过与 ERP 系统进行集成，获取 BOM 数据，创建到 MM 系统中。MES 可以对这些 BOM 数据进行版本管理和维护，并可以通过 MES 页面创建制造 BOM			
发起者	ERP		参与者	
触发条件	自动			
前置条件	ERP 系统与 MES 之间的接口畅通			
后置条件	BOM 数据创建/更新到 MM 系统中			
主干过程	步骤	操作		
	1	通过 ERP 系统与 MES 的集成接口，获取 BOM 数据		
	2	判断当前 BOM 是否存在		
	3	如果存在，则删除已存在 BOM 数据		
	4	如果不存在，则将当前 BOM 数据创建到 MM 系统中		
	5	反馈 BOM 数据创建/更新成功信号		
	6			
扩展过程	步骤	操作		
	1	对这些 BOM 数据进行版本管理和维护，并可以在 MES 中创建新 BOM		
错误异常				
问题	无			

（6）用户字典定义　系统提供用户字典定义功能，用户可以针对不同的业务定义不同的专业术语，专业术语同时与用户角色关联。针对不同角色的用户，系统显示与其角色相符的用户界面术语，客户化的界面定制使处于生产管理不同层面的用户更加易于使用系统。

7.2.11　系统管理

1. 系统配置

MES 提供友好的用户界面，用户可根据自己的喜好对界面风格进行自定义配置，如图 7-44 所示。例如，配置界面语言、登录初始界面等。

系统支持多语言，包括中文。系统的菜单、窗体和帮助文档都是可以支持中文的。

2. 系统日志

为了保证系统历史操作信息、异常信息等的可回溯性，MES 提供了强大的日志管理功能，日志管理可以分别从系统日志和操作日志两个方面对 MES 运行过程的关键信息进行记录。

系统日志可记录平台体系中各个模块的启动、停止信息，通信管道的正常与异常信息和用户登录与注销信息等，包括记录时间、模块名称、操作类型、异常类型、异常描述、用户登录时间、用户注销时间等，如图 7-45 所示。通过系统日志的记录，帮助系统运维人员快速定位故障，查找原因和解决问题，提高系统的可维护性。

我的配置文件

- 外观
- 多语言
- 时区

外观

在此区域中，您可以组态门户网站的外观个人设置、页面布局
（主页和皮肤）、页面大小和首选起始页

更新配置文件

喜欢的主页：
SimaticTheme.master

喜欢的皮肤：

SimaticTheme-Blue　　SimaticTheme-Silver

起始页：
Administration

表单行
50

图 7-44　用户配置主题

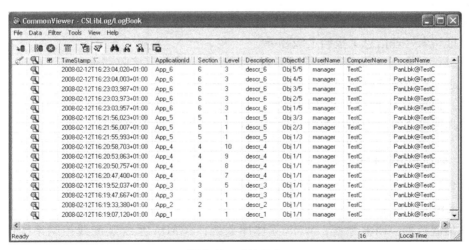

图 7-45　系统日志

　　操作日志可记录 MES 运行过程中与业务相关的操作信息，包括关键事务的执行开始时间、执行结束时间、业务模块名称、操作类型、执行者（后台自动或前端用户）、成功标识、异常信息、异常描述等，如图 7-46 所示。例如，工单维护异常、物料谱系维护与查询异常、用户登录与注销信息等。

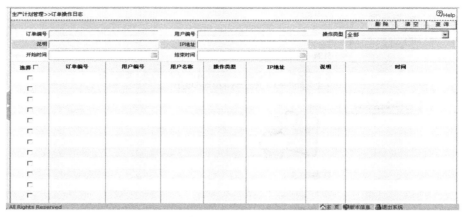

图 7-46　操作日志

系统通过严格的授权机制，预防用户的非法操作。对于非授权用户，从源头上控制了其对系统的非法使用。如果非法用户尝试对系统进行操作，系统首先会给出警告信息，然后会记录其使用痕迹，用来日后的审计和跟踪。

3. 消息管理

用户可以在 MES 中定义消息模板和触发条件，当触发条件满足时，MES 会自动生成消息，并按照用户预定义的发送机制向各个客户端发送消息。

如果用户正在使用系统，则消息以弹出的方式提醒用户；如果用户尚未登录系统，则在用户登录系统后，消息自动显示。

消息按照类别和紧急程度进行分级，不同等级消息的响应时限可以进行灵活定义。

因此，根据消息等级要求用户在规定的时限内处理，如果不能及时处理，则启动上报机制，将消息和未处理信息上报给上级领导。

MES 提供消息引擎服务，包括消息定义、发送、路由、接收和管理等，保证生产过程中异常的通知和协作能够快速及时地发布，并获得响应。

例如，影响生产计划执行的因素发生，则系统将触发消息，并发送给相关车间或职能部门，要求其在规定时限内快速响应并完成，保证生产任务的正常进行。

7.2.12　系统集成管理

本章节主要描述 MES 与第三方系统的逻辑关系，集成方式及接口实现详情。

总体系统集成图如图 7-47 所示。

MES 集成范围：ERP 系统；WMS 立体库系统；SCADA 系统装配线控制系统；PDM 系统；质量管理系统。

集成技术采用 SIMATIC IT 平台数据集成服务，它是基于消息的应用中间件，采用多种支持不同技术的连接器（注：DIS 有多种支持不同种技术方式的连接器，如文件连接器、COM 连接器、SAP 连接器等）与应用进行交互，并完成信息的传输、存储、分发。例如，应用 1 与应用 2 间的信息传递，首先应用 1 通过相应的连接器传输到底层传输层（该传输层是 SIMATIC IT 平台内部通信的机制，它是基于 TCP/IP 的，被称作 IPC），然后到 DIS 服务器进行存储，如果只是简单信息传递则根据预先组态将信息分发给对应的连接器，进而传递给应用2。

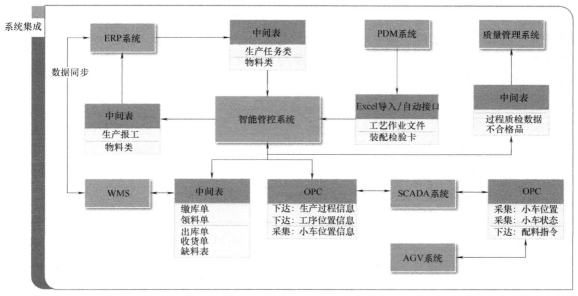

图7-47 总体系统集成图

采用图形的方式对其工作机理进行描述，如图7-48所示。

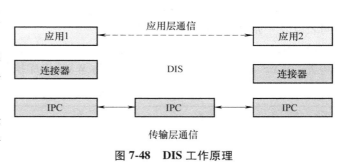

图7-48 DIS工作原理

DIS本身并不提供对消息的解析、逻辑交互、路由等处理，一旦涉及需要对消息本身的复杂处理，SIMATIC IT平台推荐的解决方案是采用Production Modeler（PM）组件进行控制，系统结构如图7-49所示。

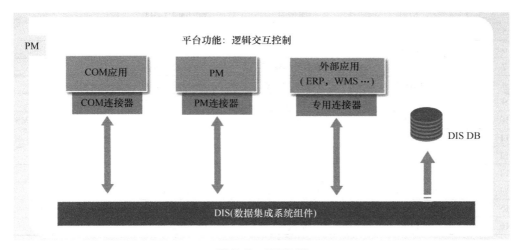

图7-49 PM-DIS

Production Modeler 通过专门的连接器与 DIS 进行交互。对于需要逻辑处理、解析或者路由的消息操作，它是通过连接器将消息获取，处理后再发回给 DIS 传输给所需要的连接器。

1. ERP 集成

ERP 系统在客户现场使用两年以上，已经到达深化应用阶段，客户通过自身团队的研发力量，在其平台上实现了质量、设备、物料等多个方面的二次开发，并已上线运行，企业在 ERP 系统使用上已非常深入。ERP 系统采用 Oracle 数据库、Java 语言开发的技术架构，由此 MES 通过中间表的形式与 ERP 系统进行交互。见表 7-47。

表 7-47　系统交互相关信息

No	接口内容	信息流向
1	人员数据：用户 ID；用户名；所属部门及班组信息	ERP→MES
2	生产任务信息（计划号、任务号、计划量等）	ERP→MES
3	物料信息（制造 BOM 等）	ERP→MES
4	生产报工信息（计划号、任务号、完成数量、责任班组等）	MES→ERP
5	物料信息（领料单、缺料单等）	MES→ERP

2. WMS 集成

WMS 针对前箱装配单元物料出入库和信息流的融合，保证数据集成的效率、数据安全性、数据全面性，整理出 WMS 与 MES 的数据交互接口，具体方案如下。

（1）接口集成流程图　WMS 立库系统集成流程图如图 7-50 所示。

（2）具体方案　接口数据采用中间表方式，包括 MES_TO_WMS、WMS_TO_MES 两个中间表以及一张视图 vWMS_TO_MES。

1）MES 向 WMS 的写入数据。前箱装配任务单出库需求时，MES 将要出库的单据写入中间表，WMS 自动读取中间表数据，作为 WMS 出库执行的依据，字段含义见表 7-48。

表 7-48　中间表字段含义

序　号	字　段	含　义	类　型	备　注
1	DJH	单据号	varchar2（20）	
2	HH	行号	varchar2（20）	
3	DJRQ	单据日期	DATE	
4	KFH	库房号	varchar2（20）	
5	WLBM	物料编码	varchar2（30）	
6	WLMC	物料名称	varchar2（30）	
7	DJLXBM	单据类型编码	varchar2（20）	
8	DJLXMS	单据类型描述	varchar2（20）	
9	SQSL	申请数量	number（10，2）	
10	DJZT	单据状态	char（1）	1 MES 写入　2 WMS 读取
11	BMBM	部门编码	varchar2（20）	
12	BMMC	部门名称	varchar2（30）	
13	MESCZY	MES 操作员	varchar2（10）	
14	MESWRITESJ	MES 写入时间	DATE	
15	XH	箱号	Varchar2（20）	
16	PCH	批次号	Varchar2（20）	

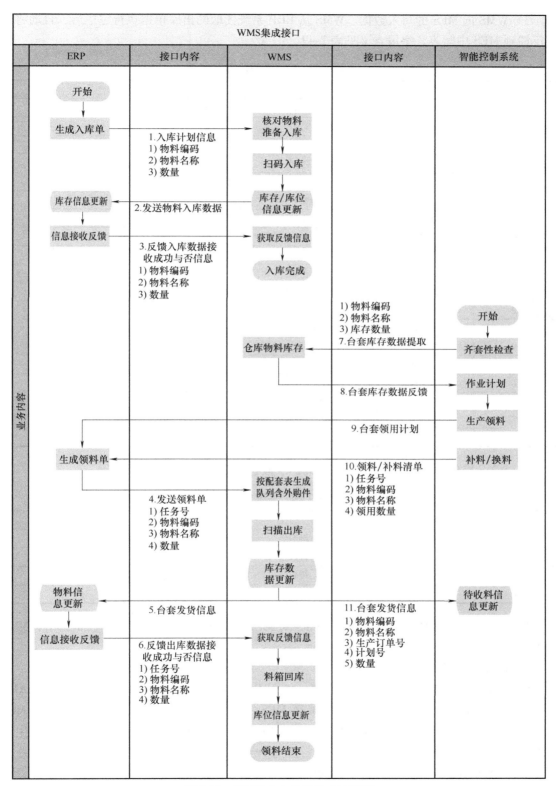

图 7-50　WMS 立库系统集成流程图

2）WMS 向 MES 的写入数据。WMS 从 ERP 系统读取的出库单据执行完毕后，自动将单据反馈到 MES 中间表，字段含义见表 7-49。

表 7-49　中间表字段含义

序　号	字　段	含　义	类　型	备　注
1	DJH	单据号	varchar2（20）	关键字
2	HH	行号	varchar2（20）	关键字
3	DJRQ	单据日期	DATE	关键字
4	KFH	库房号	varchar2（20）	关键字
5	WLBM	物料编码	varchar2（30）	关键字
6	WLMC	物料名称	varchar2（30）	
7	DJLXBM	单据类型编码	varchar2（20）	
8	DJLXMS	单据类型描述	varchar2（20）	
9	SQSL	申请数量	number（10，2）	
10	DJZT	单据状态	char（1）	1WMS 写入　2 MES 读取
11	BMBM	部门编码	varchar2（20）	
12	BMMC	部门名称	varchar2（30）	
13	CZY	ERP 操作员	varchar2（10）	
14	WRITESJ	ERP 写入时间	DATE	
15	ZXSL	执行数量	number（10，2）	
16	WMSCZY	WMS 操作员	varchar2（10）	
17	WMSZXSJ	WMS 执行时间	DATE	
18	XH	箱号	Varchar2（20）	
19	PCH	批次号	Varchar2（20）	

3）WMS 提供数据视图，供 MES 查询，字段含义见表 7-50。

表 7-50　字段含义

序　号	字　段	含　义	类　型	备　注
1	WLBM	物料编码	varchar2（30）	
2	WLSL	物料数量	varchar2（20）	
3	XH	箱号	Varchar2（20）	
4	PCH	批次号	Varchar2（20）	

MES 需要集成 WMS 的库存数据，WMS 对 MES 开放库存表查询权限，使 MES 有权限访问 WMS 库存数据。

3. SCADA 系统集成

SCADA 系统与 MES 经网络建立连接，使用 OPC 工业标准接口建立数据交互。SCADA 系统将现场设备层、现场控制层数据集成至 MES，为生产执行层 MES 提供数据支撑；MES 将生产计划、生产任务、物料信息集成至 SCADA 系统，SCADA 系统根据上述信息完成生产前的设备、物料准备工作。

SCADA 系统预留二期建设所需与 MDC 系统的接口，通过 Socket 方式与 MDC 系统集成，将 MDC 系统所采集的机床运行数据、机床统计数据交互至 SCADA 系统。

数据点详细信息说明见表 7-51。

表 7-51 数据点详细信息说明

集 成 对 象	物 理 接 口	通 信 协 议	交 互 数 据
MES→SCADA 系统	网络接口	OPC	生产数据
			物料数据
SCADA 系统→MES	网络接口	OPC	装配设备运行数据
			机床运行数据
			机床统计数据
AGV 控制系统→SCADA 系统	网络接口	Modbus-TCP	AGV 运行数据
			AGV 报警数据
SCADA 系统→AGV 系统	网络接口	Modbus-TCP	AGV 控制指令
MDC 系统→SCADA 系统	网络接口	Socket	机床运行数据
			机床统计数据

4. PDM 集成

考虑到当前该机电厂使用了两种不同的 PDM 产品，且在未来会规划统一的 PDM 系统来实现工艺制造一体化设计。因此，在本项目中暂时实现 PDM 系统和 MES 的手动集成，即从 PDM 系统中下载工艺信息，按照 Excel 模板格式保存为 Excel 文件，在 MES 中导入，实现数据的交互。

当统一的 PDM 系统规划建设完毕后，再补充 PDM 系统和 MES 的自动集成链接，实现两个系统之间的无缝集成。

通过 PDM 系统与 MES 的有效集成，工艺部门可以有效地做好产品的技术文件处理，并满足顾客特殊要求，减少变差。同时还可以有效地提高工作效率，降低生产成本，减少沟通成本，最大程度上实现各种信息的及时共享，为管理层的决策提供有力支持。

MES 从 PDM 系统获取工艺数据，获取产品的 BOM、工艺路线、设备工艺参数等用于指导在线生产，实现生产过程中的原材料、工人、设备、工艺、产品设计及企业最佳实践知识最大程度地融合。

从 PDM 系统接收 MBOM，这些数据将作为执行过程进行物料防错防漏的基础数据。

终端上可以查看工艺文件、图样、三维模型、视频文件等作业指导（所需要的 office、三维模型浏览器、视频播放器等第三方软件由甲方提供）。

提供与 PDM 系统自动或手动传递的集成接口，见表 7-52。

表 7-52 信息传递说明

序 号	信息类型	信息内容	信息流向
1	工艺路线	生产工艺路线	PDM 系统→MES
2	工艺参数	装配公差等	PDM 系统→MES
3	产品模型	三维模型文件	PDM 系统→MES

5. 质量管理

MES 将与已有的质量管理系统进行紧密集成，实现协同作业，MES 通过对生产任务的调度来驱动检测任务的执行，并触发后续一系列的质量管控流程。

MES 通过生产计划分解、排产、派工等，将生产工单下发给操作单元，在操作单元完成相应的操作后，按照工艺规程的指导，有些工位会要求质检，这时 MES 将质量数据传递给质量管理系统。

如果产品检验为不合格，则在质量管理系统中触发不合格品审理流程，经过多级审理，获取处理结论，如返工返修、让步接收、降级使用或报废，并将审理结论反馈给 MES，由 MES 进行接下来的流程处理。如审理结论为返修，则 MES 会自动触发一张返修工单的产生，以此驱动返修任务的执行，具体见表 7-53。

表 7-53   信息传递说明

序　号	信　息　类　型	信　息　内　容	信　息　流　向
1	生产任务执行过程数据	质量数据	MES→质量管理系统
2	检验结果	合格或不合格等信息	MES→质量管理系统
3	审理结论	返工返修、让步接收、降级使用或报废等审理结论	质量管理系统→MES

7.3　装配 MES 实践

1. 装配 MES 业务挑战

1）满足设计管理、资源管理、制造管理为一体化数据管理。

2）打通生产计划管理和车间生产工单管理，达到透明化、精细化管理。

3）实现装配任务为小批量、多品种，研制和批产为一体的典型离散制造行业。

4）符合信息系统资讯安全建设要求。

5）二维码、扫描枪、读卡器、摄像头等物联网技术。

6）装配行业物料编码、物料分料、配料、物料核实管理，强调以物料齐套率为基础，优化排产模式。

7）项目范围涵盖企业层、工厂控制操作的软硬件系统和智能设备，最突出的特点是"非标"。

8）为适应多品种、小批量短周期的生产作业模式，需要高效灵活的现场物流配送体系。

9）需要加强装配过程的质量控制和信息追溯，以提高产品合格率。

2. 装配 MES 实践方案

1）通过 EBS 数据总线集成企业各信息系统数据交互，ERP、多项目、PLM、MES、统一用户目录等系统。

2）实现生产计划管理为源头，分解生成车间作业的生产工单；车间生产工单的执行实时反馈到对应的生产计划。

3）实现工艺准备计划、物质齐套计划、生产综合计划为统一管理。

4）实现涉密信息系统建设的存储安全设计、数据安全设计、三员管理设计。

5）集成扫描枪、读卡器、摄像头等设备数据。

6）设计装配料箱管理、物料分料管理、物料分箱管理、物料配料管理、物料核实管理。

3. 装配 MES 业务能力

1）通过数据分析和应用，实现更高效率、更高质量和更低成本的制造和柔性的供应链协同能力。

2）装配一次合格率从 90% 上升到 95%。

3）通过 MES 的协同应用，优化原有生产流程，加强计划能力和生产过程的管控，实现产品质量效率提高。

4）质量数据分析：通过对质量数据智能分析，将分析结果反馈到现场装配过程，持续改善。

5）工艺标准化覆盖率超过 90%。

6）标准化工艺过程：通过自动化物流的应用和工艺指导到工位，实现标准化工艺流程规范。

7）各司其职：通过 MES 使得设备、人员分工明确，各司其职，减少单件产品装配的人员投入。

8）降低人工依赖性：标准化作业的要求，减少传统工艺对装配过程一致性的影响。

9）提高生产透明度：生产数据实时获取和展示，车间现场生产过程、质量信息全透明；管理层可以根据现场数据做出及时决策。

10）优化订单交付：借助以 MES 为核心的信息化系统，根据工单优先级进行作业。

11）防错能力提升：通过现场实时数据采集，减少错装、漏装、缺件等生产问题。

12）通过自动化立库集成、AGV 自动物料配送、套出/入库流程优化，达成现场物流效率的提升；物料准确高效配送：使用统一智能物流系统，管理立体库、AGV 与 MES 集成管理，完成物料智能、及时、准确地配送。

13）通过 IOT 技术，对设备信息进行采集和归档，实现场层的协调管控，并为生产工艺改进提供大数据支撑。

14）通过系统总体集成，实现制造运营全流程中管控贯穿计划、工艺、物流设备控制装配生产和质量管理的数据集成与联动。

4. 装配 MES 价值

（1）成果展示

1）建立企业信息化系统与现场自动化系统之间的数据链接，实现信息流、业务流、物流的贯通。

2）建立车间调度、数采平台；根据生产计划信息，统一监控并调度现场自动化系统和设备。

3）实现以生产计划拉动装配作业计划、物料出库计划；实现按需装配、按需出库。

4）建立自动化物流体系，实现物料自动按需出库，并配送到相应工位。

5）实现装配过程质量数据采集，以及质量体系维护。

6）实现零件精准配套入库，零件出入库效率提升 38%。

7）每个班组减少配送人员 2 名，提升物料配送效率 15%。

8）车间月产量提升 11%。

9）一次工序质量合格率提升 8%。

10）劳动强度显著降低。

（2）企业价值　企业价值说明见表 7-54。

表 7-54　企业价值说明

序号	内 容	量化指标（提升）	预期效益/万元	依 据	说 明
1	生产计划透明度	100%		生产计划进度	加快异常处理速度（补件返工返修报废）
2	调度合理性	30%	10	采购物料齐套缺料管理	缩短生产准备周期
3	生产效率	10%	50	领料单自动生成物流智能配送	物料 AGV 智能配送
4	产品、半成品合格率	0.5%	50	二维码追溯生产过程质量分析	合格率达 99%
5	成本节约	3%	20	搬运物料人力成本物料库存情况管理成本	员工工资，物料库存成本
6	企业信息化、精细化管理			生产过程数字化物料质量人工管理精细化	
7	企业整体形象			精益化制造数字化双胞胎	虚实结合

7.4　装配 MES 应用场景

装配 MES 主要应用场景如下。

1）生产计划管理界面如图 7-51 所示。

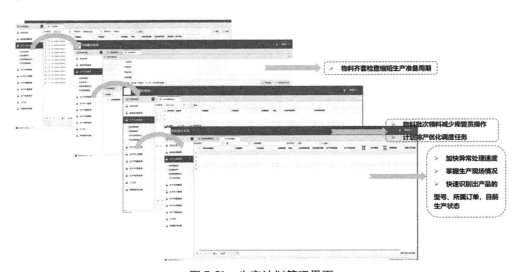

图 7-51　生产计划管理界面

2）生产执行管理—装配三维展示界面如图 7-52 所示。

3）生产执行管理—生产执行界面如图 7-53 所示。

4）生产执行管理—过程监控界面如图 7-54 所示。

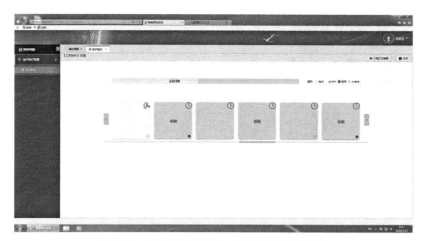

图 7-52 生产执行管理—装配三维展示界面

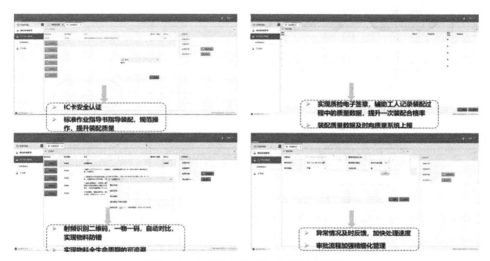

图 7-53 生产执行管理—生产执行界面

图 7-54 生产执行管理—过程监控界面

5）物料管理—物料标识流程图如图 7-55 所示。

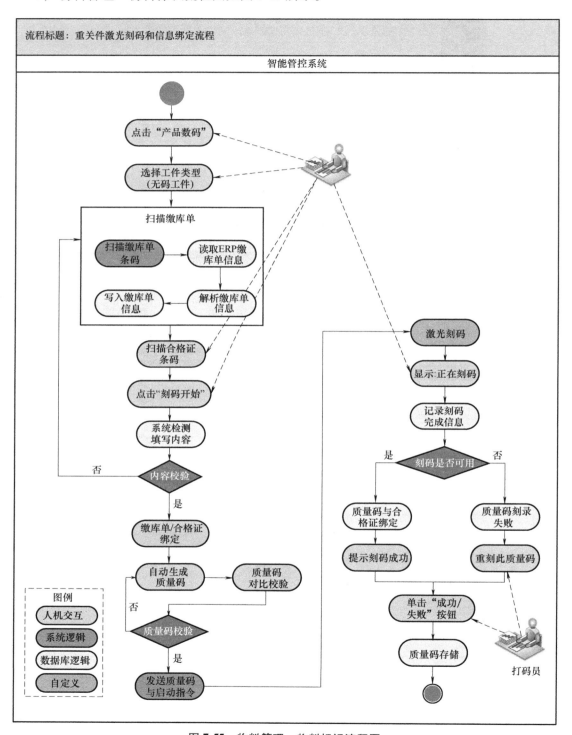

图 7-55 物料管理—物料标识流程图

6）质量管理—质量追溯界面如图 7-56 所示。

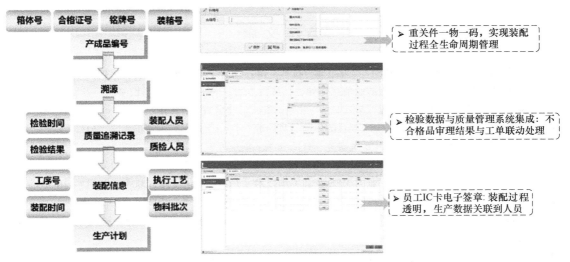

图 7-56 质量管理—质量追溯界面

7）运营报表主要功能如下。

① 事件驱动式的 KPIs，分析和通知。

② 动态记分卡和仪表盘。

③ KPI 分析的数据集成（ISO 22400 和行业专业指标）。

④ 数据模型扩展和对第三方数据的摄取。

⑤ 基于标准的柔性制造数据分析模型（ISA95，ISA88，ISA106）。

⑥ 通过智能导航访问企业数据、报表和 KPI。

⑦ 自助服务数据分析、仪表盘和报表。

HTML5 用户界面的报表展示如图 7-57 所示。

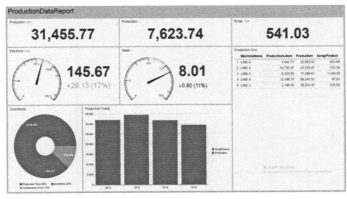

图 7-57 报表展示

参 考 文 献

［1］ 王爱民. 制造执行系统（MES）实现原理与技术［M］. 北京：北京理工大学出版社，2014.

［2］ 顾新建，纪杨建，祁国宁. 制造业信息化导论［M］. 杭州：浙江大学出版社，2010.

［3］ 易树平，郭伏. 基础工业工程［M］. 2 版. 北京：机械工业出版社，2018.

［4］ 李信桂. A 公司数字化工厂 MES 项目的风险管理研究［D］. 上海：华东理工大学，2017.

［5］ 陈静. A 航空制造企业的 MES 系统研究［D］. 上海：华东理工大学，2014.

［6］ 郑亚男. 烟草企业制丝线 MES 系统设计与实现［D］. 上海：华东理工大学，2009.

［7］ 黄河清，俞金寿. 面向流程工业的 MES 及其关键技术［J］. 自动化仪表，2004，25（1）：10-15.

［8］ 王小维. 汽车工厂 MES 系统设计和实现［D］. 上海：华东理工大学，2016.

［9］ 林明达，郭卫斌，范贵生，等. 基于 ARIS 方法的物料平衡系统设计［J］. 计算机应用与软件，2014（1）：50-53.

［10］ 荣冈. 节能降耗 MES 任重道远［J］. 中国制造业信息化，2007（18）：53.

［11］ 张睿，冯毅萍，荣冈. 基于生产数据的原油加工事件跟踪和还原［J］. 化工学报，2015（1）：338-350.

［12］ 肖力墉，苏宏业，苗宇，等. 制造执行系统功能体系结构［J］. 化工学报，2010，61（2）：359-364.

［13］ 张建明，曾建武，谢磊，等. 基于粗糙集的支持向量机故障诊断［J］. 清华大学学报（自然科学版），2007，47（z2）：1774-1777.